Reproduction and Cloning
Natural or Artificial

“天”生与“人”生
生殖与克隆

杨焕明/著

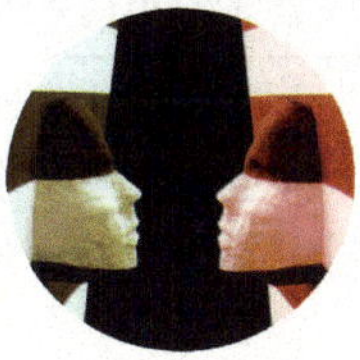

科学出版社
北京

内 容 简 介

本书的故事，以一封给“克隆人”的信开始，与关心“克隆人”的大家一起讨论“克隆人”对我们的可能影响；用科学、生动、有趣的语言和大量图片诠释生殖与生育、克隆与“克隆人”的诸多问题，重点涉猎“克隆人”的风险、伦理等方面的讨论。

本书的故事，以两封分别给命运截然不同的“克隆人”的回信结尾。这本书是为我们大家写的，是为我们的孩子，包括可能的“克隆人”写的，是给那些希望更多地了解基因的人写的；也作为与热心于生命伦理的行家们的讨论。

本书附有各国目前对“克隆人”的态度以及新出台的重要文本。

图书在版编目（CIP）数据

“天”生与“人”生：生殖与克隆/杨焕明著.—北京：科学出版社，2008
ISBN 978-7-03-016815-3

Ⅰ.天… Ⅱ.杨… Ⅲ.人类－无性系－遗传工程 Ⅳ.Q785
中国版本图书馆CIP数据核字（2006）第006190号

责任编辑：李 敏/ 责任校对：包志虹
责任印制：赵 博/ 整体设计：黄华斌

科学出版社 出版
北京东黄城根北街 16 号
邮政编码：100717
http://www.sciencep.com
涿州市般润文化传播有限公司印刷
科学出版社发行 各地新华书店经销
*
2008年2月第 一 版 开本：787×1092 1/16
2025年9月第六次印刷 印张：14 3/4
字数：250 000

定价：80.00元

（如有印装质量问题，我社负责调换）

前　言

一个幽灵，“克隆人”的幽灵，正在地球的上空徘徊。

从来没有一条技术性的新闻能使公众如此关注，从来没有一项新闻性的“技术”能博得媒体如此青睐。

自1996年7月5日那只“克隆羊”——“多莉”降生以来，没有一个西方政府的议会没有讨论过这个问题，没有一家报纸、杂志没有刊载过与“克隆”有关的消息。

一次又一次，全世界的媒体炒得沸沸扬扬；一回又一回，有人宣布第一个“克隆人”面世！

是“狼来了”的热炒，还是真的“狼”来了。

然而，这并不重要。在这样的吵吵闹闹中，“狼”也许早晚会悄然来到我们身边。

什么是生命伦理学？这可不是一个容易定义的名词。

最好的回答便是：给你一个例子——“克隆人”。

“克隆人”的问题，集中地反映了生命科学与你我的关联，突出了当前生命伦理学所面临的问题。现代生命科学进展对我们当今社会及未来的震撼，远甚于物理学及其他科学进展带来的冲击。不管我们整个社会在心理上、个人与社会行为的规范上、相关法律法规的制定上是否已经做好准备，“克隆人”正向我们走来！

本书的故事，就从“克隆人”说起。与所有关心“克隆人”的大家一起讨论与“克隆人”相关的有趣的话题，以及与这些话题有关的基础科学知识。

这本书，是为我们大家写的，也是为我们的孩子，包括可能的“克隆人”写的，是给那些希望更多地了解基因的人写的；也作为与热心于生命伦理的行家们的讨论。这本书中的观点取自万家，也给各家的观点留下了广阔的讨论空间。

如果本书能引起大家对基因与生命伦理问题的进一步讨论，能招来各行朋友对本书的关注与批评，那都是我们的欣慰！

杨焕明

2008年1月

i →

目 录

CONTENTS

代　序

关爱

给第一位“克隆人”的信

亲爱的孩子：

在我们写这本关于“克隆人”的书之前，我们首先想到的是给你写一封信。

我们想到的第一个问题自然是：你什么时候才能读到我们的信呢？

那一定是你来到我们这个欢乐的世界，加入我们人类这个幸福的大家庭好多年之后；一定是你已经饱享人间之爱，首先是你的父亲母亲之爱，还有你的老师、亲戚、邻居、小朋友的友爱之后，特别是你已经学会人类交流的重要方式——文字，对我们这个世界有了亲身感受并且逐渐成熟之后……

亲爱的孩子，当你与别的孩子一样，饶有兴趣地阅读这封信的时候，或许你不会知道这封信是给你写的。关于你的身世，也许此时还没有人告诉你！你的“自然”之父母、你的科学之父母、知情的医生与护士、你的监护人，还有我们大家，在你还没有出生的时候，就一起达成了一项“协议”——为你的身世保守秘密，直到法律允许或者大家都放心地认为可以告诉你的时候。我们这样做，一方面是出于对你的关爱，是为了保障你与我们大家一样享有共同的权利；另一方面也是担心你那纯洁无邪的童心或许会受到无辜的伤害。

亲爱的孩子，也许就在你睁开你那双明亮而又美丽的大眼睛的瞬间，你对这个世界——眼前的这一片光亮，就拥有与别的孩子完全不一样的感觉！在你懂事后不久，你也许读过或者听说过有关“克隆人”的传说与故事，以及由媒体向全世界一次又一次地宣布“克隆人”出生的消息！然而，你并不知道，这是关于你的消息！

或许，在每一方面，你与我们之中任何人的出生都不同；也或许，你的出生与我们所有的人完全一样。不管你是知道自己的"身世"，还是不知道自己的"身世"，我们都曾以平常之心、又以常人之爱关心你的成长，就像对我们自己的孩子，对我们所熟悉的任何一位朋友，或者不认识的朋友的孩子一样。

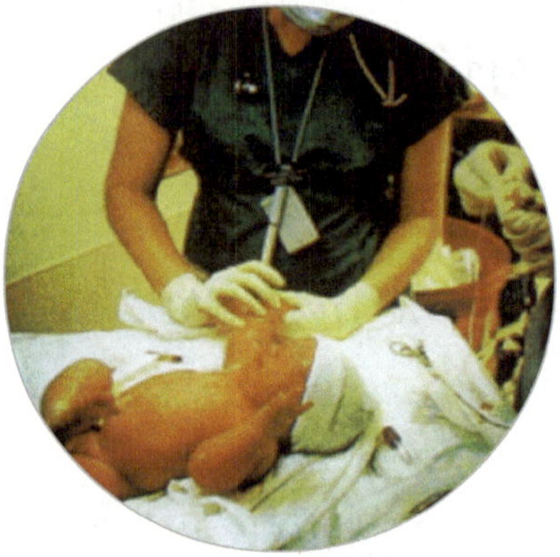
欢迎你：我们的孩子！

我们想像着，也许，第一位把你接到这个世界上的人——不知道是一位叔叔，还是一位阿姨，他（她）的双手是那样的神圣！当他（她）触摸到你那可爱、稚嫩的身体时，一生都可能会难以忘却你与所有新生儿的不一样，难以平息自己内心的兴奋与激动，难以抑制自己双手的颤抖，好像这是他（她）刚刚开始医生生涯时迎接的第一个婴儿！因为在他（她）的眼里，你的出生，预示着人类历史揭开了新的一页！令他（她）骄傲异常的是，你的降生，竟是出自他（她）的手中，是他（她）用双手迎接你来到这个世界！

亲爱的孩子，我们真心地希望你与我们大家截然不同的"身世"对你的生活和成长没有产生任何影响。我们希望你身旁的父母、医生，或者其他人都像我们一样以平常之心、期盼之心、博爱之心迎接你的到来；希望你与所有的婴儿一样健康；希望你将能得到我们同样的爱；希望你拥有我们每一个人一样的尊严、权利与完整性。

从你出生之日起，你便和我们的每个孩子一样享受着人间之爱，你是人类的一员，人类的孩子；你不是一个怪物，不是一个另类。

亲爱的孩子，也许你已被告知，因为你的出生，整个地球上的人，从众多的科学家到政府官员，以至联合国秘书长，都参与了多年前就开始的对你出生的讨论！在他们还没有得出一个统一意见的时候，你就被无奈地送到这个世界。

亲爱的孩子，你可否记得，第一次被妈妈带出家门，睁开你那双纯真的大眼睛，看到令人眼花缭乱、五彩缤纷的世界的一幕幕情景：

太阳是如此的绚烂奇目；丛林是如此的郁郁葱葱；山川是如此的气势磅礴；河流是如此的清澈透底；还有周围的草地、鲜花，跳跃的小狗，伶俐的小猫……在你眼里，他们也和人类一样，充满生机。仅仅不同的是，像小狗、小猫这些生灵，身上长满了茸茸的长毛，四只手脚扎扎实实地搭在地上，而我们人类，却是昂首挺胸，直立行走，衣冠楚楚。

这就是欢迎你、接纳你的世界！

小狗和小猫已经在这个世界上生活了几亿年了，尽管不是今天的它们，而是从它们的祖爷爷祖奶奶开始的。而我们人类也已经生存了大约700万年，那是人类与类人猿最终告别的时刻。

亲爱的孩子，我们衷心地希望：在你父母骄傲地向朋友们展示你的时候，在你安详地躺在他们为你准备的摇篮或婴儿车里的时候，在你接受朋友、亲人赠送的礼物的时候，在你拉着父母的手在公园散步并向他们撒娇的时候，在你去学校及其他任何一个地方的时候……从未感受过别人异样的眼光！最多，也只是有时隐隐约约地感到周围的人对你出现的稍加注意，神情的稍加严肃。

(非洲，400万～500万年前)
人类：一路走来！

如果是这样，我们便感到放心。

从周围的人对你的态度来看，我们又一次感受到人类的成熟！这是很自然的。因为你本来就与我们所有的孩子一样；这又是很了不起的，因为你的身世的确有那么一点“不自然”！

亲爱的孩子，你现在也许已经知道，人类是这样来到这个世界上的：当我们的父母相互拥抱、相互爱抚时，他们的灵魂和身体融合在一体，便孕育了我们这些孩子。集日月之精华，受父母之关爱，我们就在岁月的长河中逐渐成长。我们是爱的产物，是父母基因进行新组合的结果。正因为这样，我们既像、又不像我们的父母。

是的，你也许已经注意到，你在幼儿园里的小朋友珍妮，当她的妈妈来接她时，你惊奇地发现：她那双漂亮的大眼睛，竟与她的妈妈的眼睛那么相像！而又一天，当珍妮与她爸爸在一起时，你又有了第二个惊奇的发现：珍妮的大鼻子，竟与她爸爸的大鼻子差不多模样。因为珍妮是她的爸爸与妈妈爱的结晶：爸爸给了她大鼻子的“模板”，而妈妈给了她大眼睛的“蓝图”。珍妮身体美丽的特征，都是来源于她爸爸、妈妈的“基本因子”——基因，遗传信息最巧妙的重新组合。

而你呢？

也许有一天，像对别的新鲜事一样，你对自己产生了好奇心！你从尘封的书柜中找出了那几大本收集了你妈妈从出生到像你这么大时所有的照片，你又从桌子上捧起镜子，照了照自己，惊奇地发现，不仅是那双美丽的大眼睛，那个微微翘起的鼻子，就连那褐红色的头发、调皮的笑容，都竟与你妈妈在你这个年龄的照片一模一样！

母与女：像或不像？

亲爱的孩子，你确确实实是你妈妈的“翻版”或“拷贝”！

现在你长大了，我们可以告诉你了，你的出生确实与别人不一样！我们所有的人，都是父亲与母亲两者结合的产物，而你却是你的母亲——“单亲”的基因与基因技术结合的产物。也就是说，你与你的妈妈，是根据同一张基因蓝图“绘制”的，我们把这一技术称为“克隆”，而你就是使用这一技术造就的第一个“克隆人”！

亲爱的孩子，如果你幼小的心灵能够承受，我们不妨在这个时候告诉你：我们之中曾有不少人反对用这一“非自然”的方式来孕育一个孩子，也许现在他们还仍在反对！

但所要强调的一点是，他们反对的不是这一技术本身，也不是你本人的出生，而是这种出生方式；所反对的目的也是为了保护和尊重人类与生俱来的尊严与权利。因为你是一个人的“复制品”，如果因此而受到任何伤害，他们都会感到痛心的！

每一项新技术所带来的每一种新产品，都曾给人类社会带来极大的冲击和激烈的讨论，更何况你是开天辟地的第一"克隆人"！这样的讨论，是现代社会公民对科学认识的水准不断提升的表现，也是知情和参与的权利进一步发挥的体现。

亲爱的孩子，也正是这种广泛的讨论，使我们大家达成了共识——不管我们的意见如何分歧，都不能影响对你的爱，不能对你的出生与成长的环境带来任何的歧视和不利。

亲爱的孩子，请原谅我们这一暂时的默契。这只是一种暂时的保护方法，在人类的历史上也管用过。如在早些时候直到现在，我们之中的一些人对"婚姻前"或者"婚姻外"出生的孩子就达成过这样的共识：无论父母在怎样的情形下做了怎样的事，孩子本身没有错！你的情况也有点相似：你的出生与所讨论的是不是反对"克隆人"或"复制人"毫不相关。一些人曾提出要对你的身份进行科学鉴定，但我们都一致认为，不管鉴定结果如何，你像别的孩子一样，是你妈妈的孩子，是我们人类大家庭中的一员，这已经足够了！这也是"克隆"技术的唯一目的——让你的母亲（也包括你的父亲），不管因什么原因不能生育时，也能同别的母亲一样拥有养育孩子的权利、从现代技术发展中得到好处的权利、建立一个她自己认为拥有自己的孩子的幸福家庭的权利。

我们还说服你的母亲以及知道这一过程的所有科学家，要对你的整个身世严格保密，直到你长大具有自我判断与一定的社会承受能力，并享有作为一个社会公民所具有的权利以后，再让你自己决定是否将你的身世公布于世。

亲爱的孩子，也许这样的考虑都是不必要的，也许当你有自我意识时，你周围有很多孩子，包括"亚当"、"亚瑟"等都是众所周知的克

你、我、他：谁能辨我是"克隆人"？

隆人！

你与“自然分娩儿”、“早产儿”、“试管婴儿”等所有的孩子一样无忧无虑地生活，一样快乐健康地成长，以各种不同的生活方式享受人生的情与爱。亲爱的孩子，也正是因为这样，你在读到这封信时，与别的“非克隆人”一样并没有任何异样的感受！

亲爱的孩子，说句心里话，你的父母、帮助你的父母生下你的科学家以及我们大家，从你呱呱落地那天直至今日，都在为你的健康担心！如果你与别的孩子一样健康、一样聪明、一样成长，我们会感到无比的欣慰。

但是，如果你有某种疾病的痛苦，就像我们之中的每一个人幼时与现在难免生病一样，也同样会得到大家充分的理解与更多的关爱，因为疾病是人类遗传多样性的一种表现。我们中国民间有句古话：“人吃五谷，焉能不病。”治愈你的疾病、解除你的痛苦是医生的职责和我们社会应该承担的义务，是我们人类进步的重要标志之一，绝不会因为你是“克隆人”而成为指责你的理由。

如果你患上了某种我们所说的“单基因遗传病”，如镰刀型细胞贫血症，影响了你的健康和成长，我们将会更加理解你。因为我们所有的生命都难免有风险和意外，只是大一点或小一点罢了。我们中国南方民间有这样的习语：“村头七十八家，(病人) 不在你家就在我家；未到七十八，不要笑别人鼻塌眼瞎。”

我们还知道，你与所有别的遗传病人没有任何区别。我们现在所知道的至少一部分“致病基因”对人类的生存是必需的，正是因为这样，这些“致病基因”才随我们人类生存、繁衍。尽管不是所有“有此基因”的人一定得病，但它的存在是一种潜在的导致疾病的因素，在一定的时候和一定的条件下可以诱发疾病。也正是在这个意义上，我们才这样呼吁：所有的遗传病人是在承担我们人类所共有的苦难，而这些苦难是人类共同生存不可避免的代价。他们有理由得到我们的关爱和照顾。任何对你歧视的借口，都会受到道德的谴责与法律的制裁。

亲爱的孩子，即使有的人因为你患上这样或那样的疾病而责怪你的父母和帮助你出生的科学家，你也不要生气、不要见怪，因为无论如何，你是无辜的，就像我们谴责惩罚那些因为医疗事故造成病人痛苦的医生，一点也不影响对这位病人的态度、治疗与保护，且不说那位医生是否有错。

亲爱的孩子，我们要写一本有关“克隆人”的书，在这本书里可能写到，也可能直接引用一些不赞成“克隆人”的话，其中还有一些人是你所认识的，不管是你亲眼见到过的或是在电视里看到过的，但你千万不要有一点点误会。因为他们——那些令人尊敬的爷爷、奶奶、叔叔、阿姨们，都有一颗善良的心，对你都有慈父、慈母般的爱，以及我们人类大家庭所有成员的关爱；他们是在关心人类的尊严和生命的价值，就像在讨论人类的亲戚——绵羊妈妈与她的小羊羔之间已经发生的事情。如果同样的情形发生在我们人类自己身上，应该采取怎样负责任的态度？

或许在大家的讨论中，你来到了我们中间。

或许正是大家的关注，才使我们的世界更加充满了爱。

我们期待着你的回音……

如果能得到你的回信，我们这些人将不尽感谢！因为至少你告诉了我们，你已来到我们中间。不管你的心境如何，我们都会张开热情的双臂欢迎你，请你接受我们对你献上的这一份真挚之爱。

即使没有一个像你这样的克隆儿给我们回信，我们也会感到欣慰，因为这样可以让那些对“克隆人”持反对意见的人暂且放心：“克隆人”离我们还远着呢！

爱你的一班人

第 一 章

生殖

穿织生命交响乐的主旋律

刚刚过去的20世纪，被誉为“物理世纪”。

这个“物理世纪”的基础是人类对物质的基本结构——分子、原子结构的认识，“曼哈顿原子弹计划”与原子能和平利用是这些研究最成功的结果；“阿波罗登月计划”是这一世纪最为壮观的成就；最后，它以最简单的无机硅制成的薄片——芯片，将人类社会带进了信息时代。

从“物理世纪”进入信息时代！

20 世纪还孕育了另外一个世纪——“基因世纪”。

这个“基因世纪”开始于人类对生命的重要规律之一——遗传规律的再发现。DNA 双螺旋模型的建立奠定了这一世纪生命科学发展的基础，分子克隆等技术带来了生物学研究的革命性变化。这个世纪之末的“人类基因组计划”，把人类社会带进了充满新的机遇与挑战的新世纪。

DNA：生命的奥秘！

“阿波罗登月计划”使人类如同天使插上了翅膀，第一次以前所未有的角度、前所未及的距离，欣赏我们的家园——地球的全貌！

生命使我们的家园生机盎然、郁郁葱葱！生命使我们的家园有别于我们所能观察到的宇宙中所有其他的星球！

人类本身就是生命。人类从挺

地球：美丽的家园！

直腰板成为人开始，就与生命结下了不解之缘。且不要说人类的生存，我们赖以生存的能源、材料和环境，都与生命息息相关。对生命的认识，是人类文化渊源的重要组成部分。

源于生命，胜于生命？

生命给我们带来无尽的奥妙，赋予我们无尽的灵感。在中国的文化宝库中，那些富含哲理、世代传诵的佳句，如“离离原上草，一岁一枯荣……”“两个黄鹂鸣翠柳，一行白鹭上青天……”等所描写的坚忍不拔的生命力和田野风景的怡悦活泼，到处充满着生命的朝气，都是对生命的赞叹！

我们为生命的美丽而惊叹！我们为人类自己作为生命世界的一部分而骄傲！

穿织生命的三大乐章

生命的魅力，首先是她的连续性。

地球上的任何一个生物体的寿命都是有限的，有长有短。比如，细菌的寿命只有十几个小时，苍蝇只能活几个月，蚂蚁只活1年不到，绵羊可活10多年，而人可以活到100多岁，有些大树居然可以活几千年。

生命的最奇妙之处，在于一个生物个体在完成自己的生存使命之前，在适当的时候产生了另一个相似的个体，使这一物种绵延不断。

无限的生命与有限的寿命。

“种瓜得瓜，种豆得豆”。以我们大

家熟悉的水稻为例子，我们种下去的是稻粒，逐渐长成了秧苗和稻株，在这时候，连稻米的影子都看不到；不久，就从稻株上长出了稻穗，稻穗上的颗颗稻粒逐渐饱满，成为地地道道的稻谷。此后周而复始。尽管与播种下去的稻种并不完全一样。

种谷得谷：生命的连续性。

在自然界，即使最坚固的花岗岩也会因风刀霜剑而风化，最强硬的钢铁也会因日久年长而腐蚀。但唯有生命，能够经受住各种"磨难"，代代相传，生生不息。

生命的魅力，还在于她的多样性。

这个世界上，有成万上亿个生物物种。每一个物种都相互不一。每一个物种中都有成万上亿个个体，每一个个体都各不相同。所有的生命体都相互依存，各得其所，争芳斗艳，使生命世界生机勃勃，五彩缤纷，千姿百态。我们不能设想，所有的花卉都是一种颜色；也不能设想，所有的人类都"千人一面"。就像我们不能设想我们这个星球没有生命，那个寂寞的春天是什么样子。

生命世界：千姿万态，争芳斗艳！

生命的魅力，还在于她的同一性。

如果我们接受现代“进化论”的观点，我们就会相信这个星球上的所有生物，都来自于几十亿年前的同一祖先。不管这一共同祖先是如何简单，很难在她的身体上想像出她今日遍布全球的后代的样子。我们还知道，组成生命的物质，在物理、化学的基本结构上并没有多大差异。譬如，我们知道的核苷酸和氨基酸的基本结构，在细菌、蘑菇、红花、绿竹以及大人、小孩中，都是相同的。不管是任何生物，都有着相似的基本结构，都是由生命的基本单位——细胞组成的（除病毒与前细胞生命外），都是以我们所熟知的DNA等核酸分子作为遗传物质，所有生物都服从统一的生命规律，都要经过从孕育、出生、生长、发育、衰老到死亡的过程。

生命乎，汽车与塑像。

生命进化的同源、生命物质的相同、生命结构的相似、生命规律的统一，使我们那么容易地区别“生机勃勃”的生命与“死气沉沉”的非生命：一条小狗是生命，路边的一棵小草也是生命，埋藏在地下沉睡千年的王莲种子还是处在一个阶段的生命；一具雕像，不管如何栩栩如生也不是生命，一辆汽车即使像动物一样可以奔跑，也不是生命……尽管生命科学家还在喋喋不休地争论生命的定义到底是什么！

也正是因为生命的“同一性”，带来了生物技术的通用性。今天科学家用大肠杆菌、线虫和小鼠进行实验和研究，明天就会应用到人类身上；

“多莉”羊已来了，“克隆人”还远吗？

今天"多莉羊"被克隆出来了，明天克隆人还远吗？尽管同为哺乳动物的羊与人的区别是那么显著。

如果说生命的连续性、多样性与同一性，是生命的三大乐章，那么，穿织这些乐章、汇成生命壮丽无比的交响乐的便是生殖。

生命之火的点燃

生命的"连续性"是通过生殖来实现的；"多样性"来自于生殖过程中产生的新的组合与变异；"同一性"中最重要的特点便是：所有生物都通过生殖来延续后代。

生殖是一个生物个体产生它的后代的过程。大概可以这样说：生殖就是一个生物个体用一种特殊的方式复制了自己，就像我们用现代的"复印机"复印了一张新的图画。尽管这一比喻并不那么贴切。

大多数细菌为单细胞生物，因为它们的每一个个体只是由自己一个细胞组成的。细菌的主要生殖方式为分裂生殖。在低等的单细胞真核生物中含有那个装有遗传物质的细胞核，它们的生殖方式也是分裂生殖或出芽生殖，如我们熟悉的用来发面的酵母，就是采用这样的生殖方式繁衍它们的后代：

当它们的细胞生长到一定阶段，也许是由于"本能"感觉到了某种需要，也许是细胞的什么"机构"发出了指示，它们便开始进行自己基因组DNA的复制。复制好的DNA几乎与原来的一模一样，并且非常巧妙地把复制好的两份DNA一分为二，使整个细胞拉长并从中间断开，把连同DNA在内的所有生命物质——包括细胞膜、细胞核、细胞质等所有的小构件，差不多平均分开，一个细胞（称为"母细胞"）便成了两个"子细胞"。这一过程与高等生物体内的细胞"复制"过程几乎相同，称为细胞分裂。我们把这种不需要两性合作、不经过两性交配的生殖方式称为"无性生殖"——"克隆"。这里的"克隆"是表示一个过程的动词，而得到的后代也称为"克隆"，是表示与母代一样的子代，是名词。需要注意的是，通过克隆（即无性生殖）得到的个体可以说还是同一世代，很难区分出真正的"母细胞"与"子细胞"。

这一克隆的过程不可能是绝对没有差错的。一些小的差错是通过细胞中的“修补系统”来得到修补纠正，另外一些差异就成为生物多样性的来源，而所有的差异都受到环境条件的选择成为生物进化的源泉与动力。

“性”续燃生命燎原之火

生物界在从单细胞到多细胞个体的过程中，慢慢产生了另一种生殖方式——有性生殖。这种生殖过程中产生“性细胞”，需要两性的合作。

也许有性生殖是从较为高级的单细胞生物——像酵母之类的真菌开始的。这些单细胞生物的细胞越长越多，也许是因为相互聚集、相互接触产生了某种需求，也许是它们之间积累的差异产生了“异性相吸”，也许是偶然接触带来的喜悦而产生跃跃欲试的冲动，也许是必然的“缘分”的牵合，便产生了奇妙无比、只有双方合作才能产生的火花！

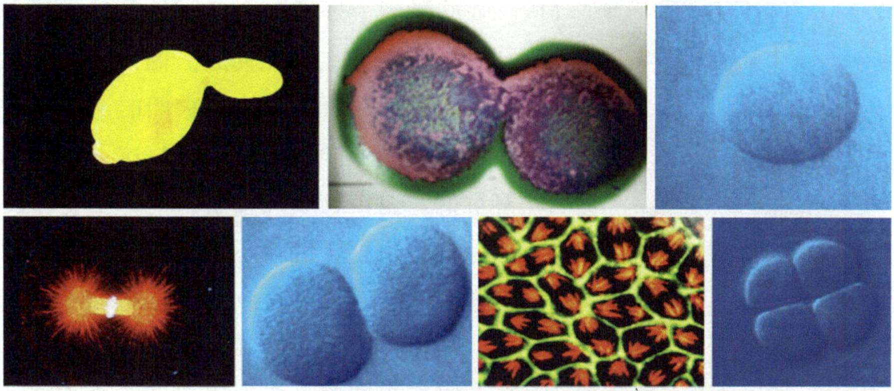

无性生殖：酵母的芽殖与细胞的分裂。

这一火花犹如星火燎原，导致了生物的革命性变化。也许它们通过某种感觉上的心驰神往，也许只有两性身体接触进行汁液的交换，如果它们有人类这样的灵性的话，它们也一定会感受到这一接触的快感，这一交换的甜蜜，为此就更加追求“相异”，追求这一相异的“相吸”。相异越大，接触越具快感，交换也就越张扬。

我们不去研究这些真菌是否真有灵性，也不想讨论那一漫长而复杂的“相异－相吸”的进化细节，反正它们越相异越是相吸，为追求更大的快感而进一步接触，最后慢慢地越变越不一样，一直到了一发不可收拾的地步——性别产生了！真正的有性生殖开始了！这个世界就变得越来越不一样了。

从生物学的角度来说，有性生殖是比无性繁殖好得多的繁殖方式。有性生殖给生物带来了极大的好处和利益。最重要的好处是，有性生殖使一个物种的基因库中的基因有可能进行多种方式的交换，使生物的遗传变异极大增加，进化步伐极度加快。这一进化的结果产生了新的物种，生物种类更加丰富多彩。有性生殖使细胞结构变化的多样性增加，营养生长与生殖生长的分离使生物结构更加复杂，生物个体更为独立。自从生命有了雌雄之分的大约6亿年中，生物的个体从很小的单细胞形态突飞猛进般地发展成为越来越大的复杂个体，其速度远远超过此前的30多亿年。

巧夺天工——魔术师般的"造物主"

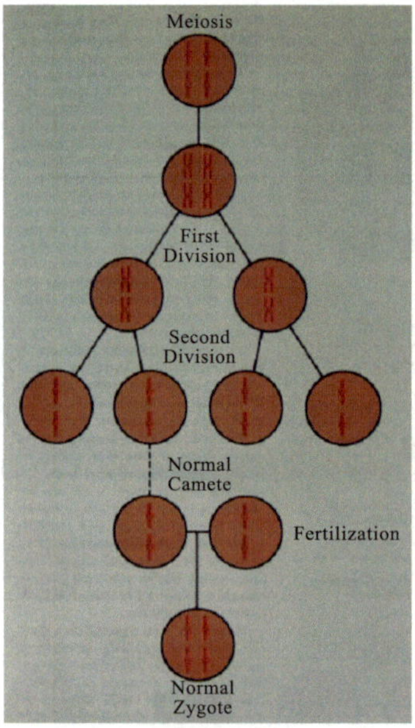

减数分裂。

这是一个好像1+1=2那么简单，其实却是一个复杂无比的问题。如果性别上有了分化的两个细胞结合，它们的遗传物质不就像1+1那样增加一倍吗？这可不是闹着玩的。遗传物质加倍了，这一生物即使能够苟且生存，也就不再是原先的那个物种，这个世界也不是今天的生命世界了！

自然界总是有它解决问题的绝妙方案：使某物种的一个个体通过生殖产生一个还是这个物种的个体，以维持物种的稳定，即所谓"龙生龙，凤生凤"。生物身体中有一些与生殖有关的细胞，这些细胞生长发育到一定阶段，就产生一次特殊的分裂，把自己的两套染色体一分为二。染色体是基因的载体，一个染色体由一个DNA分子组成。这些组成生物身体的细胞（体细胞）有两套染色体，我们称之为二倍体。如我们人类有23对染色体，我们把这些成对的染色体分为1号，2号，3号……染色体，而那些只有一套染色体的细胞，我们称之为“单倍体”。这些含有“单倍体”基因组的特殊细胞称为“生殖细胞”，也称为“配子”。我们人类的精子、卵子就是由这样的单倍体生殖细胞发育而成的。我们把雄性高级生物的精子产生并成熟所在的器官称为“睾丸”，而把雌性卵子产生并成熟的器官称为“卵巢”。

不同性别的个体产生两种不同的生殖细胞——精子和卵子。这些“异性”生殖细胞便寻求机会“合二为一”，又形成一个由两套染色体组成的“二倍体”细胞。

有性生殖的产生是生物进化史上最有意义也最为壮观的重要事件！

我们暂且不去分析有性生殖的生物学意义，我们只需知道产生生殖细胞是一个“成年”个体延续种族的使命。两个异性生殖细胞的结合在形成一个新的生命个体的过程中，将其所携带的基因通过染色体的“形式”进行重新组合。新的个体中的体细胞的染色体一套来自父亲，一套来自母亲，而父母亲基因组中的每一号染色体中的两个染色体（同源染色体），给予子代的可以是两个中的任意一个。这样人类23对染色体的组合就带来了新的无数的变化。另外，在形成配子的过程中，每一号染色体的同源染色体的一些片段又会发生区域性交换，进一步丰富了新的遗传组合。

有性生殖使父母双方决定的遗传特点，即是我们在遗传学上所说的遗传“性状”进行了新的组合，使新的个体既保持了原物种的所有特点，又产生了新的个体之间的多样性。

我们不得不为“造物主”的伟大所叹服！

惟妙惟肖——植物的生殖与繁衍

差不多所有的较为高级的生物都慢慢地建立了它们自己的“有性生殖”方式。

翘首以待。

也许是惟妙惟肖的模仿，也许是异曲同工的创造，高等植物居然也像动物那样有了它们的有性生殖方式。能够开花结果的有花植物，带有与动物看起来风马牛不相及、但却有着相似功能的生殖细胞——满天飞扬的花粉，就是“精子”；而花瓣中心的花柱，就像动物的子宫，在成熟期中有着犹如卵子的结构。

我们赞美采花做媒的蜜蜂，就是因为它们在为自己采花酿蜜的同时，毛茸茸的身体把一个植株上的花粉带到另一个植株上，并抖落在了花柱上。蜜蜂这一“无意”的行为，却了结了“造物主”的心愿，帮助植物完成了“受精”，“雌花”因此而“怀孕”。

授粉：蜂为媒。

大多数有花植物是“雌雄同体”的。我们最熟悉不过的是玉米了。玉米中间顶上可以散布花粉的是雄的“器官”，而它下面的接受花粉、受精、发育、结籽而成的玉米棒是雌的。它的雌雄交配不需要相互接近，也不可能弯腰靠近。雄的把花粉散下去，雌的在下面接住就行了。但是，大自然并不鼓励“雌雄同体”的植物总是“自体交配”，这是因为这样的“自交”会使这一植物的变异减少而降低生命力。大自然鼓励它们使用别的植株的花粉来“杂交”，以得到物种内一定程度的“多样性”。这就给了人们“异株授粉”的启示。

玉米：集雄雌于一体。

相比之下，“雌雄异体”的植物就“惨”多了！因为植物没有动物那样“动”的自由。全靠蜜蜂来做媒，全靠风儿来传粉。如果蜜蜂不作美，如果风儿闹罢工，相隔较远的植物，只能唱“咏叹调”。银杏便是一个典型的例子。一棵孤零零独立旷野中的杏树，翘首企足，“寻寻觅觅，冷冷清清，

银杏：望穿秋水。

凄凄惨惨戚戚”，等候几年也不见有意的“郎君”（花粉）的到来。

正因为如此，为了解决远距离传送花粉的问题，“造物主”把很多植物的花粉造得很轻，“杨柳轻飏”，才能“直上重霄九”。她还给一些植物的花粉插上实实在在的翅膀，让它们迎风飞扬，飞的更高、更远。但我们是否问过，这么多的花粉，“为谁辛苦为谁忙”，最终有几颗落到了花柱上，有多少真正实现了自己作为“生殖细胞”的价值呢？事实上，大多数花粉散落在地，做了无畏的牺牲品，为“他人”做了“嫁衣裳”。

“造物主”还把接受花粉的器官结构，造成完全适合乘空接纳花粉的口袋形结构。一位研究植物的同事告诉我：更神奇的是，很多植物的花瓣、叶子的模样儿正适合蜂、蝶停歇，好像吸引行人的凉亭一样。当然，“造物主”还把同一物种的花粉、花柱的成熟期安排在同一时间段。这可真是周到，当然也是必不可少的。更有意思的是，还有“自花不育”的机制，把同一植物的花粉、花柱成熟稍稍错开。你知道为什么吗？

蒲公英：随风飘扬为了啥？

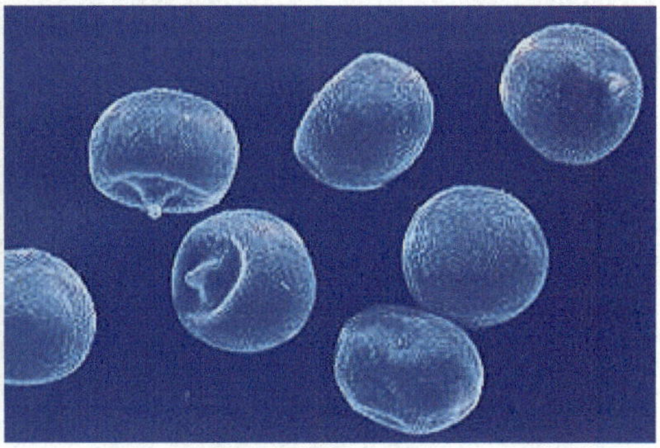

精子：这些花粉像吗？

也许可以说，我们人类对动物与植物这两类生物的感情是不公平的。有谁对我们说过植物的花粉也是生物的生殖细胞呢？前几年曾流行"花粉"食品。如果告诉我们，一勺子下去，就是吃下了几百万个还是几千万个"精子"，听起来真有点不自在！本来"花粉"过敏已使不少人浑身不舒服。

水为媒——动物的体外授精

动物与植物还是有天壤之别的。植物的"雌雄同体"看起来那么自然，而动物的"雌雄同体"对我们来说简直不可思议。像蛔虫那样的一些线虫的体内，既有雌性的卵巢、输卵管，又有像睾丸、输精管那样的雄性生殖器官。它们各自产生不同的生殖细胞，雄性器官在体内排精而使在同一体内的雌性器官中的卵子受精。

当我们熟视成千上万的植物"精子"——花粉无谓的牺牲，熟视鱼类向水中排出成千上万个精子与卵子，而最后成功结合的只有其中的一小部分，我们是否另有一番感情呢？这又把我们的生命伦理学讨论挂上了感情的色彩。

水是宝贵的。水对生命的意义又非同寻常，且不说我们相信生命是在水中起源的，生物体内的所有"化学"反应都是在水中发生的。水的贡献不仅是生命的源泉——为生命提供生存的条件，还给鱼类的繁殖提供了特殊的环境，让鱼类的一个精子与一个卵子在水中有了相会并受精的机会。

但精子与卵子在自然环境里受精的机会是很小的：水流会把它们无情地分开，使它们永远失去结合的机会。当我们看到水流缓慢的小溪中，青蛙的卵子连成长长的一串，透过外面的透明层可看到一颗颗黑色的"蛙籽"，羞答答地躲在里边，含情脉脉地期待它的有情人时，"但愿有情人皆成眷属"的祝福油然而生。

我们不禁要问：难道"造物主"

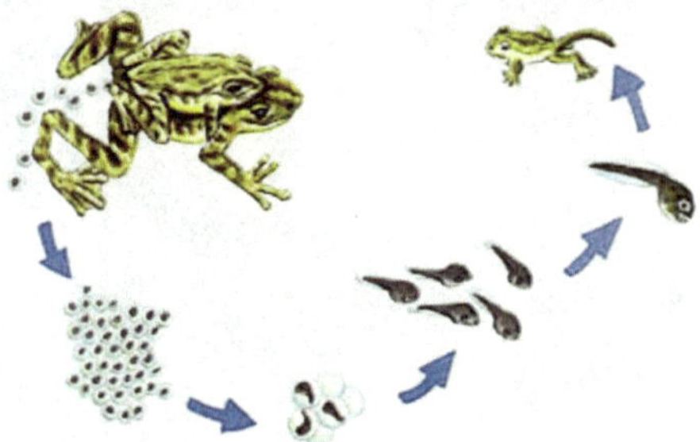

水为媒：蛙类的体外受精。

在设计这一绝妙的方式时，本来就打算牺牲这么多生命的种子——精子和卵子，存心不让他们全部成为新的生命，不给它们实现生命价值的机会吗？且不说多少异类，甚至于同类亦虎视眈眈，以它们为食呢！

所有的生物，包括人类、大猩猩等高级动物，大部分的精子与卵子最终都不能成为健康的生命个体。有些是产生出来便存心打算把它们毁掉的，尽管差不多所有的精子、卵子都一样具有100%的“能力”形成一个新的生命个体。我们姑且把这一能力称为“生命的潜能”或“潜在的生命”。如果我们说，潜能并不是实实在在的能力，最终没有成功的潜能与真正发育成个体的能力是有区别的，对于生命的定义的讨论由此便产生了麻烦。这个世界上的不同国家、不同宗教及不同文化，好像都不把未受精的精子与卵子看成是生命的开始。只是有一些科学家或者生命伦理学家整天在怜悯这些“潜在的生命”。

“还是自己家里好”——动物的体内受精

也许“造物主”有了恻隐之心，看到成千上万个一经制造出来便打算毁掉的卵子，真有点于心不忍。于是，逐渐地并有意识地在控制和减少生灵的毁灭。她好像看到了这种“体外授精”的方式的低效率，而有了“改革”的愿望。从蛇、龟等爬行动物开始，便幸运多了！

“造物主”给了蛇、龟追求异性的冲动。蛇母与蛇父、龟母与龟父便开始拥抱，此时的吸引似乎是不可抗拒的。在拥抱时，一种按捺不住的性冲动，便使它们开始了性行为——我们冠之以“交配”、“性交”、“房事”、“性爱”。英语中making love译为“做爱”，也许“制爱”或“造爱”更为合适。蛇父、龟父用自己身体内的特殊器官把精子注入母体——“体内受精”，这一较为完善的“有性生殖”方式产生了！

由此一个好像与生命伦理有关的问题就出现了！尽管其他动物不会用我们这样的方式讨论。性爱与生殖这一相随又不相同的问题便产生了，生物界的麻烦也便多了！我们不知道一条蛇母与一条蛇父在性交时，是为了求得精神上的快感，还是清清醒醒地心里惦记着、嘴里念叨着：“我们只是为了后代才拥抱，我们只是为了生殖才做爱！”而没有去细细品尝那性爱所带来的任何一种别的方式而不可取代的欢乐！我们也不知道此时它们是否已经产生把性爱与生殖分开的愿望，还是只追求那种快感与满足。生命的篇章在因生殖而更为壮丽时，其中的不谐之音也奏响啦！

蛇卵龟蛋。

由于“造物主”的高瞻远瞩与通观全局，从蛇、龟开始，生物一生中产生的精子与卵子的数目在减少。为了得到高质量的精子与卵子，它们性成熟的时间延长了，一生中成功生育子代的数目大大减少，以至于像人类这样的灵长类动物一生产生的子代最多也只有两位数！如果受精卵有别于没有结合的精子与卵子，她们成为一个新的个体的潜能要高得多。这样的受精卵一定要好好培养，因为它们是真正的生命。那么，母亲把它们放到哪里最放心、最安全呢？

“千包万裹才保险”——动物的卵生

蛇、龟等爬行动物，还有鸭、鸡等鸟类，用身体的分泌物制造了卵壳作为防护墙，并在卵里储备了大量的营养物质，以供胚胎享用。到了一定的时期，才把卵（也许还有未受精的卵）排出体外。伟大的母爱由此产生了！

也许，这些动物从做爱的那一刻起，可能就想起了自己作为父母的责任。它们巧夺天工，构建五花八门的安乐宫，来寄放它们的刚刚开始的小生命。蛇、龟会把自己的卵埋入温暖而松软的沙子里，然后压上自己的身子，以母体的温暖来催促自己的孩子出生；鸟爸爸与鸟妈妈展开自己的双翅，到外面寻找可以构建母巢的小树枝、小树叶，还有小泥巴，选择一个安全的地方，精心设计，细心施工，用自己的嘴巴，一枝一块地修建成一个像宫殿般样的鸟巢，再铺上柔软的羽毛，把鸟蛋一个一个地细心放在上面，然后，鸟妈妈便开始孵蛋，在“家里”孵化孩子，而鸟爸爸给予“家庭”精神的呵护与责任感，承担出外觅食、照料与保护母子的天职！由此，一个幸福的家庭便诞生了！

母体的温暖，孵化了受精卵，当一只只小龟、小鸟破壳而出时，母亲得到了最大程度的满足：母亲通过生殖而繁衍了种族！也许，男女的分工、男女的社会地位，就是这样形成的。当然，在生命伦理学上，借助另一生物的自然行为来证明人类的某一行为，并不能都成立，就像工蜂的"自然献身"不能用来激励战士为国牺牲一样。

修窝筑巢，巧夺天工！

"放在'肚'里才放心"——动物的胎生

卵壳作为一层屏障只能保持水分不散失、营养不外流。可是它保护卵中的胎儿的能力实在太弱啦！我们常常把不坚固的防护称为"脆如卵壳"。

什么地方可以使胎儿更加安全、更好地生长和发育呢？

一个母亲对于孩子的爱是无法估量的！母亲把保护孩子的天职全揽到了自己身上！她们不满足于仅仅与自己孩子的卵壳接触所传递的温暖，她们担心卵壳中的胎儿单靠卵中储藏的营养不足以健康地生长与发育。"放到嘴里怕化掉，握在手里怕碎掉。"她们也许在紧紧拥抱孩子的时候，产生了一个伟大的念头：自己的身体是孩子最好的栖身之所！于是，她们干脆把孩子装到了自己的肚子里，而不惜牺牲自己的幸福与方便，还有体形与容颜。

母胎无疑是最美好的天堂、最为安全的地方。于是胎生，这一更为高级、更为安全的"有性生殖"便开始了。

人类和其他哺乳动物都是胎生的。胎生的好处是不言而喻的。不只是母亲把自己的生命与自己的孩子的生命连在一起，从受精卵接触子宫这块温暖的沃土时，便开始承担为孩子的生命所带来的一切。从此开始了母子（女）的血肉相连。而母亲与孩子之间的感情，居然有了"虎毒不食子"之说。

胎生又使生育（分娩）成为生命中最壮观、最美丽的乐章！

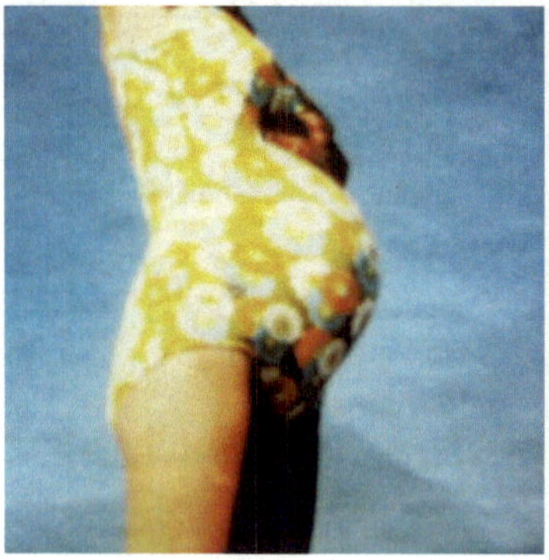

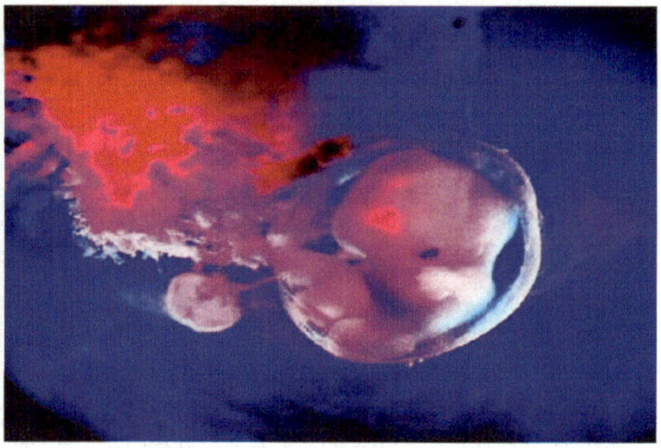

母体：最美的安乐窝。

"金风玉露一相逢"——动物的交配

我们对"造物主"——自然最佩服的是：她把最伟大、最神圣、最重要的使命，以最兴奋、最刺激、最享受的方式来完成。如果我们暂时不告诉你"造物主"的什么设计使我们佩服得五体投地，让我们先来试问：如果让你来设计一项关系到人类生存、民族安危、国家兴衰的伟大任务，你有什么好主意呢？

我们问过很多人，答案太多了！

首先，要组织一支"义勇军"或者"志愿军"队伍，因为并不是所有的人都会认同这一任务的非凡重要性并具有完成这一伟大任务的素质。

其次，要进行认真的战前教育，出发之前的"誓师大会"是不可缺少的！

再次，要做好吃苦的思想准备，这是赢得一切"决战"的精神食粮。

最后，要有浴血奋战的拼搏精神和牺牲精神，既要不怕苦，还要不怕死。

现在，我们把这个"任务"说出来——繁衍后代！你看，对比"造物主"的安排，我们所有的主意都变得如此荒唐；对照"造物主"的智慧，我们的头脑成了不可雕琢的"朽木"。

情爱：最为壮观的自然一角。

性爱，不能不说是“造物主”的杰作。她确确实实给我们一个重要的启示：为什么好事一定要多磨，为什么良药一定要苦口呢？为什么不能用最轻松、最快感的方式完成最伟大、最重要的任务呢？

“造物主”赐予人类的所有个体这样的享受机会，她采用潜移默化的方式使生命产生出不可言表的复杂美妙情感，对异性产生不可抗拒的追求和吸引，她用“缘分”来营造这一氛围，使异性产生相互拥抱的强烈欲望。

现在我们可以描绘一下人类生殖的全图啦！

……成千上万颗精子从男性生殖器官（阴茎）喷泄而出，气势汹涌，而为激情所陶醉而颤抖的雌性器官（阴道）已翘首以待，也正在此时，那一枚成熟的卵子早已准备就绪，等待着接纳精子。精子的大军在阴道里激流勇进，争先恐后，奋不顾身，也许他们都心知肚明，只有其中的一颗精子有幸成为这场决战最终的胜利者，才有可能接近并进入目标。这一场景，如同在竞技场上的最后冲刺！

这个历程，是生命从潜能努力成为现实的长征！短短的阴道，竟成了精子们漫漫的长征路！这最后的几步是决定性的。特别是女性的阴道，还带着幸福的激动，多情的汁液滋润着精子。

这一长征结束了，独有一颗精子用它的脑袋征服了含情脉脉的卵子——它敲开了生命的大门！卵子张开笑脸把它迎进自己的大门。精子的脑袋与卵子的外层——透明带刚一接触，便把自己所有的能量都集中起来献媚取宠——把里面的DNA分子—— 一个新的生命的全部信息都注入到卵子中，而把完成了自己的历史使命的外壳与尾巴果断地摔掉在外。

这一工作是在不到1分钟的时间内完成的。另外一些精子赶到时，一切都已成为过去。第一颗精子捷足先登后，卵子便把自己的大门，砰地一声紧紧关上!不仅不给其他精子留有任何机会，而且还通知在阴道中早已整装待命的“清道夫”把他们统统消化掉或推出体外。这些迟到的精子真正成了那一枚成功精子的“无谓”的牺牲品!

谁说哺乳动物都不专一？雌性的卵子是最专一的！它只喜欢勇士，只喜欢第一名，只接纳第一颗精子。

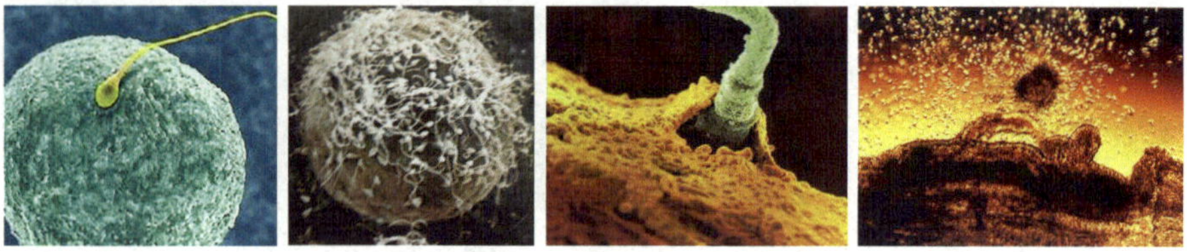

穿越：生命的开始！

这一过程还在继续……

受精卵在阴道里慢慢前行，向女性的最神奇的器官——子宫挺进。

受精卵在子宫中慢慢发育。一开始，两套DNA分子合二为一。然后，受精卵也像普通的一个细胞那样进行分裂—— 一分为二——成为两个细胞——再进而成为4个，8个，16个，32个，64个，慢慢移到子宫里头。最后，在已经准备就绪的子宫黏膜的一块沃土上驻扎了下来，这便是“着床”。母亲用自己的子宫上皮，把受精卵盖上，就像农民用一把泥土，把刚种入土地的种子盖上一样，成为母亲不可分割的一部分。母亲把自己的营养与氧气直接与受精卵分享，这时人类最伟大的母爱便开始啦!

着床后，各个细胞便开始分工。这一巧妙的安排也是通过DNA分子中蕴藏的遗传信息来编程的。所有细胞慢慢有了自己的特定形状与结构，有了各自的功能与工作。这一过程称为分化。

在受精后的第14天，一个称为“原条”的组织开始出现。这在胚胎学上是一个非常重要的分界线——“胚”与“胎”的分界。很多人（特别是在欧洲）把“胎”看成是人类生命的开始，这又为以后的争论留下了伏笔。

时间慢慢走过，胎儿在一天天发育，母爱在一步步升华……经过数月怀胎，作为母亲，都不会忘记曾有过的温情与喜悦、愿望与期待、担心与忧愁、辛苦与疼痛的经历，以至于有人认为，没有经历这一过程，母亲就不会给孩子全部的爱，孩子也不可能享受到完整的母爱。这又给以后的“生物学母亲”与“社会学母亲”的说法埋下了伏笔。

感受：母亲与子女。

胎生无疑是最为高级、最为理想的生殖方式，胎生的代价是巨大的，给母亲带来的痛苦也是难以言表的。母亲的身体受到了很大影响，作为保护性的考虑，母亲生产孩子的数目更少了！而十月怀胎所建立的母子之间的感情是任何其他情感所不可代替的。正是因为这样，“畸形儿”或带有其他先天性疾病的“婴儿”的残酷事实而使母亲爱得更深而绝无弃子之想。

婴儿长大到何等程度，从母体中脱胎而出最好呢？母亲也许希望让自己的孩子多呆几天，恨不得把自己的一切都奉献给孩子。可是长大了的孩子从娘胎里出来成了一个严峻的问题。胎儿从骨盆中出来时，简直要与母亲争个你死我活。母亲那痛苦的挣扎，产房传来的那撕心裂肺的呼喊甚至使多少父亲镂骨铭心，为自己作为“始作俑者”而无力相助感到终生愧疚。

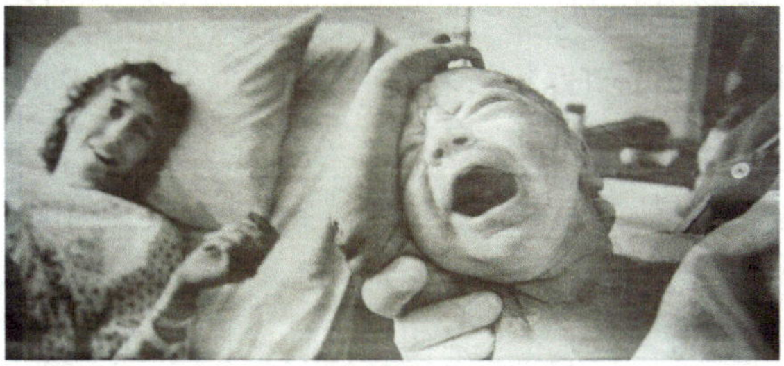
婴啼：为何初声是哭声？

“造物主”在精心思考。在她的脑子里，酝酿了一种更好的方案：她让人类的孩子在体内生长得还不很成熟时，就使之早一点出生，以缓解孩儿挤出母亲的骨盆时给母亲的痛苦（母亲骨盆也慢慢变得比父亲的大多了）。也不让孩儿的脑壳过早地硬化（钙化）。仅从这个意义上讲，人类都是早产儿，更需要母亲的照料。于是，母亲在承受了人生最大的痛苦——生产自己的孩子之后，又承受了继续以自己的乳汁哺育孩子的天

哺乳：母与子的交融！

职。这就是我们为什么称人类为“哺乳动物”的原因。母亲的双乳，充满了营养的乳汁，富有一种神奇的魅力，她除了具有哺乳的功能外，还能为异性带来最美好、最柔软的冲动感，这是世界上最美、最迷人的地方，成了女性的伟大象征。世界上有多少画家描述过乳房的美丽，又有多少 作家描写过乳房的伟大与吸引力！

新生大熊猫：小得可怜！

“造物主”最理解她所创造的万物，她总能找到利与弊的平衡，她以最大的关怀来照顾母亲。比如，“造物主”在孩子到了近两岁时，就会无情地关上孩子体内可以消化母乳中的主要蛋白的那些基因，使孩子再吃母乳便会“吐奶”，以此来保护伟大的母亲。不过，会有那么一些“变异体”，没有及时关上这个基因。我的一位作家朋友，就写过他的母亲为了让他度过那个艰难的孩提岁月，在他读小学时还常常偷偷回家吃奶的故事。作为自然产物的我们，应该能理解“造物主”那慈悲的心肠，不至于一味谴责她的“不完美”。也许我们应该与“造物主”一起，努力让生命世界变得更加完美，让“造物主”与我们一起更加完美。

当然也不都是这样。在哺乳动物中，还有胎儿出生时比人类还要小的动物，如大熊猫。而牛、羊、鹿等则生下来便会摄食，在母亲身边走

新生牛鹿：大得可爱！

来走去，好奇地探视这个新世界。

“留待他日自有用”——高等生物的无性生殖

在有性生殖的同时，无性生殖也没有被遗忘。无性生殖的好处是不可忽视的：大量、快速、同一。于是，“造物主”为一些已具备有性生殖能力的生物保留了有限的无性生殖，作为有性生殖不尽完善的补充。如酵母的不同种类就有着有性生殖与无性生殖两种方式，她可以在一定时候通过无性生殖，产生千百万后代。植物的很多成熟的器官，如茎、叶、根都可以用来培育一颗新的植株。蚜虫在需要时，可以在几天内繁殖成千上万个个体。

蚜虫：千军万马从何来？

嫩芽：老树的克隆？

就是有性生殖近乎“完善”的人类，有时也会有一个受精卵生成两个完全一样的个体——“同卵双生”的机会。一个受精卵，通过生殖细胞的“无性”分裂而几乎同时长成两个近乎相同的个体。

同卵双生：人的“自然”克隆？

人类开始了探索生殖奥秘的漫长旅程。对人类生殖的探索，对人类生殖的干预，酿成了一系列有关生命伦理的争论，而人的“克隆”则把这一争论推向白炽化！

第二章

生命

“造物主”的礼赞与我们的困惑

生物学：探索生命的奥秘！

什么是生命？这里我们指的是人类的生命，或者说具有生命的人类个体——我们每一个人——的生命。这个问题是我们讨论“克隆人”相关生命伦理问题的关键。

“克隆人”的讨论，对于我们来说，最宝贵的收获，便是人类自己对生命的最全面、最深刻的反思。

联合国教科文组织的《关于人类基因组和人类权利的全球宣言》中有这样一句话：“违反人类尊严的行为，如人类生殖性克隆，是不能容许的。”伤害生命，无疑是违反人类尊严的。人类的尊严，显然关系到人类的生命定义。

如果是生命，当然就不能随便像小鼠那样用来做实验。如果要用，也一定要制定必要的法律与条例。我们在这本小书的后头，特地附上了医生的天条——《希波克拉底誓言》（附录一）。现在的科研项目，首先要有“IRB（单位审查委员会）”批准。更重要的是，还要经过“本人”或“法律监护人”的“知情同意”(附录二、附录三)。

人类的生命是在什么时候开始的呢？这就是本书要讨论的生命的定义。其实际含义仅是：什么时候伤害它便是“杀戮生灵”。当然，我们并不是指生物学、医学上的严格的关于生命的科学定义，只是为了本书讨论的方便，因此可以看成是对“人类生命定义的理解”。

说起来真有意思，人类活了这么几百万年了，到今天还真搞不清自己的生命是从什么时候开始的，还在那儿争论不休。不同的民族，不同的文化，不同的宗教，不同的动机，不同的“学派”，给予的回答都不尽相同。

生命的“第一定义”——所有人体细胞

我们中国人好像有那么一句话：人之肤发，受于父母……如果我们没有理解错的话，大概是指从父母那儿遗传下来的“东西”，都应该珍惜。也许算是生命或生命的一部分吧。

当然，现在或许没有多少人相信连皮肤、头发都是“生命”啦！如果想到梳头时掉了一根头发，洗澡时去除了成千上万的皮屑（皮肤上皮细胞），就等于蔑视生命、残害生灵的话，那就真是荒唐透顶了。

你在伤害“生命”吗？

但是实际上，还的确有人曾经认为所有人体的体细胞都是生命呢！

这也许是对生命定义的第一种理解：所有人类细胞（包括体细胞和生殖细胞）都是生命。

细胞是除病毒等“前细胞”生命以外所有生物体的结构与功能的基本单位，是“生命”必不可少的实体，是遗传信息与生命物质的储存和传递的系统，又是一个无时无刻不在进行能量流动转换和信息加工与交换，并保持整体动态平衡的开放系统。

也许多数人都认为科学家是有知识而又理智的。但实际上，一些科学家的一些看法是很荒唐的。这种“荒唐”据说有时候还包含一定的科学真理，但有时则不可否认是地地道道的胡说八道。笔者就在一次联合国教科文组织的会议上，亲耳听到一位同事阐述过这一“科学真理”——任何细胞都是生命，除了“自然”死亡以外。谁都不怀疑他是一位有建树的科学家，也不怀疑他对社会的责任心，更不怀疑他对生命伦理学的造诣，特别是他的认真与执著。看他说话时的认真与虔诚的样子，真使我想到那句话：“认真比无心更为可怕，偏见比无知离真理更

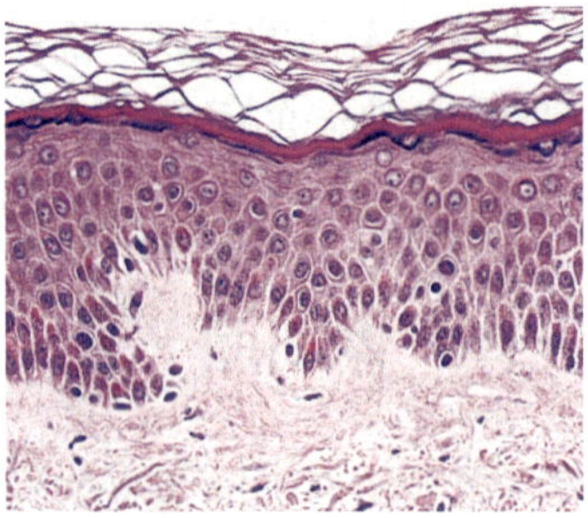
皮肤：万千细胞世界。

远。”以至于另一位也是科学家的同事当场拍案而起，怒目相争：“现在世界上成千的实验室、上万的科学家在培养体细胞，每天有成万上亿的细胞被消化、被倒掉、被‘处死’，难道他们都要自我忏悔在杀害生命吗？难道我们应该谴责他们伤害人类尊严吗？”这是真的！如果体细胞被看成是生命，就没有今天细胞学的所有技术，也就没有今天的生命科学，包括“克隆”技术。

公正地说，在历史上即使是最苛刻的伦理学家，最传统的宗教人士，也没有认真、严肃地反对人工体外培养细胞。即使是最熟悉人体发育的医学专家、遗传学家也很难把工业化批量生产的一堆堆细胞与“生命”联系在一起，培养细胞也没有受到“使生灵涂炭”的谴责。

体细胞不被认为是生命，有两个理由：

第一个是因为它们是“终末”细胞。皮肤细胞就是皮肤细胞，不可能再变成别的种类的细胞。血细胞至死还是血细胞，既没有分化成别的类型的细胞的能力，也没有发育成一个个体的潜能。

第二个是因为它们的“自然死亡”。每天都有成万上亿个体细胞死去。既然“造物主”安排了它们（或它们中的一部分，或大部分）的死亡命运，成全“造物主”的旨意又有什么过错呢？只要存在“自然处死”，“人为处死”也就不是“杀生”，大概只有蓄意杀人除外。

不幸的是，这两个乍一听谁都能接受的理由，却留下了两个伦理上的问题：

如果以有无“能力”或“潜能”为标准的话，那么如果有一天，人们能够使“终末”细胞人为地培养、诱导分化而发育成另一种细胞、另一种器官，甚至于另一个个体的时候，是不是需要修改生命的定义，而把“终末”的体细胞重新定义为生命呢？反之，如果为了关上这一“潘多拉”魔盒，采取“防患于未然”的切实措施，禁止一切体细胞培养与研究，又会导致什么样的结果呢？

这带来了伦理学的一个重要而又有趣的命题。这个命题差不多涉及生命伦理的所有讨论：潜能与现实的关系。这一命题既与科学相关连，又与哲学相联系。一方认为潜能不等于现实，潜能还需要很多别的条件才可能变为现实。具备潜能的东西只有少数成为现实，就像“所有人都有成为科学家的‘潜力’”一样，但谁能明白，成为真正的科学家的并不是所有人。而一方则认为只有承认潜能，才能保护潜能、扶植潜能、为潜能的实现创造条件，才有潜能实现现实的可能，否定潜能等于扼杀现实。

如果自然死亡作为伦理上的辩护能够成立，那么麻烦就将接踵而来。也许就从这里开始，“自然死亡”开始成为伦理学上争论不休的问题之一。这也是语病的实例之一！

在伦理学上，很多人认为“自然死亡”是绝对不能作为辩护词的。一个活生生的人，不是也会因事故、疾病而死亡吗？但杀人与故意伤残怎么能用“反正人会死的”来辩护呢？他们认为“要害”在于是不是“蓄意”。可有趣的是，要说伦理“滑坡”，也许就是从“体细胞不是生命”开始的。当然，也有人说，也许正是这一“滑坡”，才有了细胞生物学以至于干细胞研究的今天。

生命的“第二定义”——生殖细胞

对于生命定义的第二种理解是：人类的生命是从生殖细胞开始的。

生殖细胞是指哺乳动物的“配子”细胞，即卵子与精子。在医学上，有时把原始的卵原细胞与精原细胞，以及卵母细胞和精母细胞也称为生殖细胞。

认为卵子与精子就是生命的根据，是它们具有发育成一个生命个体的潜能。或者说，“造物主”本来就是安排它们作为一个生命个体的真正开始。诚然，生殖细胞是由特殊的体细胞分化而来的，其“使命”便是产生另一个个体的生命。没有卵子和精子，就没有一个个体的生命。确实，不少国家，不少宗教，都曾认为或坚持认为生殖细胞就是生命。

但是，正像每天都有成万上亿个体细胞死去一样，性成熟后的正常女性个体每月排出一个卵子，而性成熟后的男性一辈子产生成万上亿个

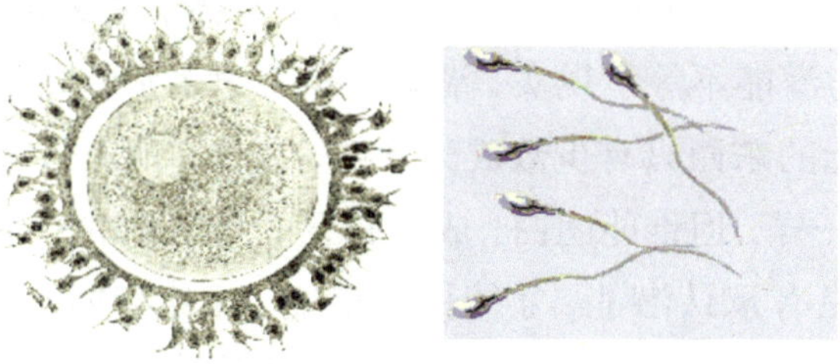

精子与卵子：生命的开始？

精子，又有几个可以受精、几个能发育成个体呢？既然能发育成个体的精子或卵子只有极少数，就意味着"造物主"本来就蓄意制造了过多的精子和卵子，这些"多余"的精子和卵子命中注定是充当受精的牺牲品，甚至连当受精的旁观者的资格都没有。既然"造物主"也安排了它们之中一部分的死亡命运，还是那句话，"成全'造物主'的这一旨意"又有什么过错呢？在"自然死亡"这一点上，似乎体细胞与生殖细胞之间并没有根本性的差别。但是，如果真的把体细胞与生殖细胞都作为生命而等同起来，这在伦理上似乎又不是那么严肃。

争论双方的观点与"体细胞是否是生命"有点相似。说"是"者认为，生殖细胞"自然死亡"与"人为的伤害"绝对不可同日而语，不能以一部分生命的"自然死亡"为"蓄意"导致死亡作伦理上的辩护。

说"否"者则认为，单有精子或单有卵子，都不能发育成一个有生命的个体，还需要很多很多其他的条件。这又回到了"潜能"与"现实"的古老话题上来了。而且显然只是把生命的定义在时间上后移：受精是生命与非生命的"分水岭"。

敏感的读者一定已经领会到，如果未受精的生殖细胞被认为是生命的话，至少"试管婴儿"在伦理上受到挑战就将不可避免了。如果我们进一步联想技术与社会甚至与金钱的千丝万缕的关系（如果不是生命，禁止精子、卵子的商品化就得找别的理由啦！），也许就不难理解伦理讨论的实际意义与我们大家的切身关系。也就是说，除了"潜能或现实"和"自然死亡"这两个"标准"以外，我们又引进了第三个"标准"：是否，或在多大程度上，有利于科学或技术的发展，尽管不是所有人都给予认同。

生命的"第三定义"——受精卵

对于生命定义的第三种理解是：受精卵才是人类生命的开始。

成熟的卵子与成熟的精子结合，便形成了受精卵。这是生命开始最重要、最关键的时刻。只要条件许可，它就能发育成一个生命的个体。受精卵是一个个体生命的真正开始，似乎是应该被大家接受并认同的。

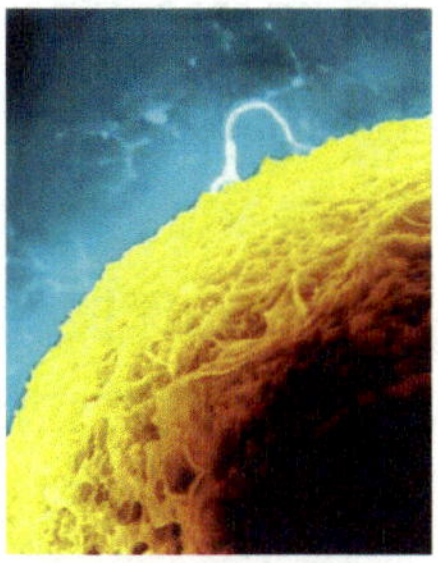
受精：生命的开始！

从遗传学的角度来看，这一定义似乎也是最合理的。精子是“单倍体”，卵子也是“单倍体”。从遗传信息上来说，它们都只有一“份”基因组，或者说只有“一套”染色体。除了卵子与精子都有的从1号到22号的“常染色体”外，还有卵子另有的X染色体和精子另有的要么是X要么是Y染色体。X与Y染色体因为与性别有关，又称为性染色体。受精时，一个卵子与一个精子结合，就有了前面所说的称为“二倍体”的人类基因组，含有成对的常染色体，一套来自父亲，另一套来自母亲，而且经过了遗传上的重新组合。因此，受精卵似乎完全可以说是一个新生命的开始。

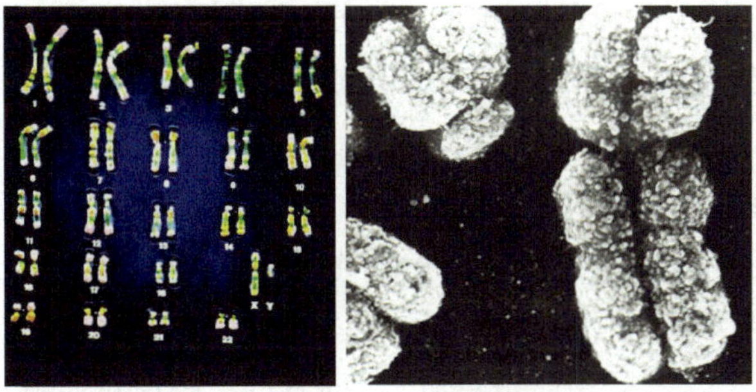
光学显微镜下的人类的染色体　　电子显微镜下的Y与X染色体
染色体：基因的载体。

参与受精的那个精子和那个卵子是幸运的。如果说尽管具有生命潜能但未受精的精子或卵子不算生命，那么实现了生命“价值”的精子或卵子真是万里亿里挑一。“造物主”既然已经牺牲了这么多“生命”才有了这么一个受精卵，完全有理由说就是为了造就受精卵这个生命。

这一定义并不是无懈可击。就从“潜能”来说吧，相对于未受精的精子和卵子来说，受精卵离个体生命这一好像完全肯定的生命定义近了许多，或者说有了更大的“潜能”。这一说法似乎有利于受精卵是生命的观点，但是不知不觉又进入了对“潜能”可以“定量”比较的危险的伦理“雷区”。因为并不是百分之百的受精卵都能最后发育成生命个体，这倒反而证明受精卵还不具备完全的“潜能”或“现实性”。

“定量”比较又派生出了对生命尊重的“程度”问题。其核心思想是生命的“地位”不是绝对的，而是相对于其他的“标准”或“规范”而言。譬如，受精卵确实应该得到应有的保护和尊重，但是,与充分发育的婴儿相比,保护和尊重在程度上应该有所不同。从这个角度看，生命的价值或地位随着它的发育进程而逐步提高。只有到了某个时期，如出生之后，他们才有权享有人类的全部权利和保护。

而“程度”问题又进而派生出了“权衡”或“牺牲”论。持这种观点的人认为，既然生命的价值或地位与其发育进程有关，把处于某一发育阶段的生命的地位与减轻人类痛苦或拯救个体生命的道德原则放在一起权衡时，为了一个更有价值的目的，如治疗疾病，而毁坏早期生命是正当的。这可以理解为“牺牲”。这种论点又为其他更加“开放”的观点开了方便之门。

再从“自然死亡”，或“潜能”与“自然死亡”的关系来说，受精卵确实存在“自然死亡”，受精还只是“十月怀胎”的第一步。在刚刚起步的漫漫征程中，还不知道有多少荆棘载途，有多少艰难险阻。妊娠的天然终止也就是“自然死亡”,是“受精卵是生命”反对者的主要反对理由。

不少国家把“生命从受精卵开始”这一定义写进了宪法。这在客观上给生命伦理讨论带来了很大的不便。2001年，在联合国教科文组织的国际生命伦理委员会的一次有关人胚干细胞研究的会议上就出现了由此引起的难堪场面。由专题工作小组正式递交上来的文件初稿的观点是“研究和应用人胚干细胞是合乎伦理的”。这当然是经过认真讨论和慎重考虑作出的结论。但出其不意的是，就在这个会上，一个代表提醒大家：一些国家的宪法中，有“生命从受精卵开始”这样的条款。这一下子就把大家打闷了。由于联合国教科文组织的“决策原则”是“一致性（consensus）原则”，所有的文件都要大家一致同意，与“一票否决”权差不了多少。最后，就因为那一“提醒”，导致联合国教科文组织这一文件的重新修改，变成了“研究和应用人胚干细胞这一问题，应该在国家层面上进行讨论”这样一个怪调子。这在联合国教科文组织的历史上，形成了一个有人认为“很不好”的先例：既然是每一个国家层面上的问题，像联合国教科文组织这样国际机构的作用就等于打了折扣，特别是在生命伦理学这样的具体而现实的问题上。

这也是有人坚持立法应慎之又慎的原因，不赞成过早把伦理问题上升为法律问题。

我们来进一步考虑这一定义与一些新技术的关系。很容易看出，如果“受精卵是生命”的话，干细胞的研究与应用这一很有前景的领域就都成了问题，更不用说“试管婴儿”技术与“人工流产”啦。这一观点是这样推论的：如果受孕那一刻产生的受精卵是一个新的生命的开始，因此受精卵就应该受到如同成熟个体一样的保护。由于不应该为任何目的而牺牲人的生命，所以为研究目的而毁掉人胚很难被人接受。结论是：干细胞的研究是“不伦理”的。

人类的每一个个体都是独立的，在法律上不依附于任何人，包括他(她)的父母。根据全球公认的联合国人权宪章等文件，个体的利益永远高于社会和科学的利益；保护人类的尊严，从人类群体这个方面而言，是具体地保护每一个个体。

正因为这样，要想在一个人身上做点实验，或想从一个人身上取一点皮肤、一滴血液，都要毫无例外地取得对方的“知情同意”。如果对方还没有进入成年期，则由其法律上的监护人来负责。根据常识，即使监护人可以代表被监护人做任何决定，也不能决定被监护人的生死。当然首先是指不能让已经具有生命的被监护人去死，即用任何方式终止他们的生命。

如果“生命是从受精卵开始的”，而这个“生命”又不能行使自己的权利，就产生了“父母没有让他（她）去死的权利”的法律问题，尽管这个时候，受精卵还在母亲肚子里，还是母亲身体的一部分。如果这样，法律出了危机。而到了人类面临“人工流产”的讨论时，问题就更复杂了。

与其同时，这里又出现了使用避孕药是否符合伦理的问题。避孕就是防止受精卵的产生，就是终止生命。对这样的说法，你如何看待呢？

生命的“第四定义”——人胚

对于生命定义的第四种理解是：人胚才是完全的生命。

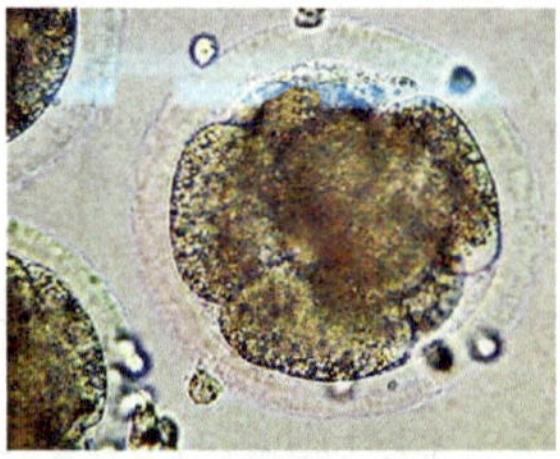
人胚：生命从此开始？

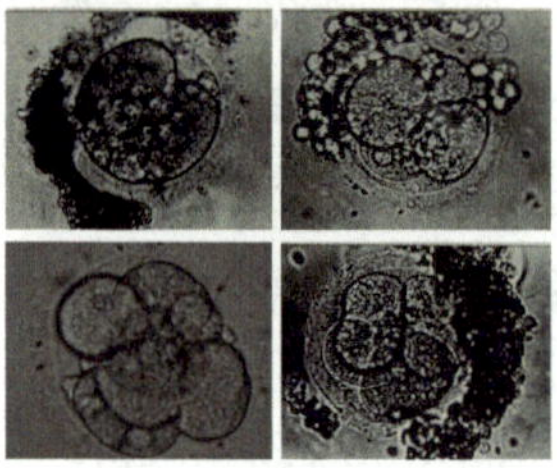
14天：生命的“分界线”？

这是一个非常重要的定义。

这首先是出于科学的依据。有人提出：一个人类个体的生命，既不是早到卵子与精子，也不是受精或受孕那一刻产生的受精卵，也不能推迟到分娩出生以后，而是在受精那一刻之后的第14天——整整两个星期开始的。

由于从受精直至分娩，一切都是在母胎里发生的，因此很容易被认为是一个连续的不间断的过程。但有人认为，在胚胎发育过程中存在着某些生物学上的重大改变，以至于成为生命“地位”发生重大变化的转折点。受精卵与处于发育早期的人胚有可能发育成一个或多个个体，如同卵双生。因为人胚的每一个细胞如果分开的话，都有可能发育成单个胎儿。不过，在某个时段后，人胚再不能发育成一个以上的个体，因为人胚的细胞开始分化为特定的细胞类型,变成一个整体的不可分离和不可分割的一部分。这个“不可逆”的重大转折点最早出现在受精后14天左右。

如前面提到的，在胚胎学与解剖学上，从受精后14天左右的时候开始，可以观察到一种称为“原条”的组织结构，即神经系统的原基。这是鸟类和哺乳动物胚胎发育的重要特点。在早期胚胎发育过程中，原肠胚产生了沟状的“原条”。“原条”中的细胞迅速增殖，并迁移到胚胎的特定位置。“原条”的出现，是人类生命的最重要的特征——神经系统开始发育的雏形，也是本来相似的细胞开始分化成组成人体的不同系统、不同器官——特别是人类特有的脑器官的开始。这就是这一论点强调时间上的分界线的原因。

“原条”的出现，把人类的“胚胎”这一似乎连续的“东西”与经典的概念分成了截然不同的两半：“胚（embryo）”与“胎(fetus)”。1992年，一个名为“Warnock Committee”的学术权威组织还专门发表了关于这一定义的论断:人类生命从受精后的第14天开始。这一关于人类生命的定义很快就被很多国家的学术界与法律界所接受,并写进了一些国家的法律中。

“原条”的出现是有生物学依据的。但是在另外的一些国际法律，或者与法律相似的、在社会行为规范方面起作用的宗教“教义”中也涉及对生命的定义。譬如，在一次国际会议上，一位来自中东的科学家就告诉大家：在他的国家，人的个体生命是从受精后120天开始的，灵魂是在这时才附在人体上，使之成为完整的生命。这在时间上，正好与医学界的一些人主张的“脑形成”相吻合。“这是法律吗？”另一科学家问。“不是”，他告诉与会科学家，这是伊斯兰教的法典上说的，而“法典”在伊斯兰国家相当于法律。对于这样的情况，我们只能接受并尊重。

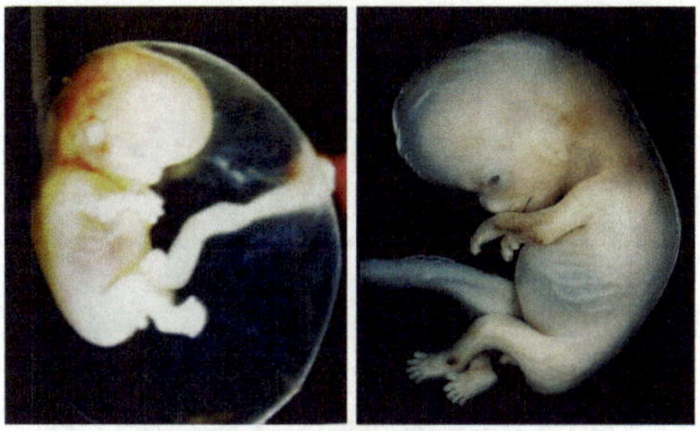

脑的发育：生命的开始？

值得注意的是，这一20世纪90年代初期的关于生命的新定义并没有得到我国医学界及其他有关部门与领域的足够重视。我们墨守成规，把“embryology”翻译成“胚胎学”(这也许可以讨论，因为在一些教科书中确实是“胚”与“胎”不分)，然后就据此推理，执意把“human embryo stem cell”翻译成“人类胚胎干细胞”，而不是正确的“人胚干细胞”。如果有人把“中国容许人类胚胎干细胞研究”重新翻译成英语，就成了“China allows research on human embryo and fetal stem cells”(中国容许进行人类胚与胎的干细胞研究)，我们一些科学家中的“爱国者”势必又将愤愤不平地谴责“反华势力”在“无中生有”、“恶意歪曲”呢！

如果没有法律上的问题，或没有修改法律的必要，“人胚还不是生命”的伦理讨论就给精子与卵子、受精卵、人胚以及人胚干细胞的研究和应用敞开了大门：它们都不是完全意义的生命，尽管具备不同程度地长成一个生命个体的“潜能”；它们都有不同几率的“自然死亡”，根据其治疗疾病的前景，即给人类带来的“福音”，出于研究的目的，“牺牲”他们，在伦理上是可以接受的。因此，比利时和英国及其他一些国家容许将受精后14天之内，即“原条”出现之前的剩余受精卵或经培养而成的人胚用于研究。最后，它们还是母亲的一部分，其“所有权”与“自主权”还属于母亲，或“暂时”由母亲“代管”，只要取得母亲的“知情同意”便够了。由于“试管婴儿”本身已在伦理上接受，所以使用“试管婴儿”技术过程中，“剩余”的受精卵或14天之内的人胚，可看成是“东西”，要丢弃、要处死均可接受，用于研究还是“废物利用”呢！

归根结底，问题之源还是在“牺牲”上。

人胚干细胞具有治病的前景，有助于减轻另外一些人的痛苦，为了研究的目的，可以采用不到14天的人胚。这仍是“把处于某一发育阶段的生命的地位与减轻人类痛苦的道德原则放在一起权衡”之后做出的“牺牲”，因为人胚毕竟已接近生命。

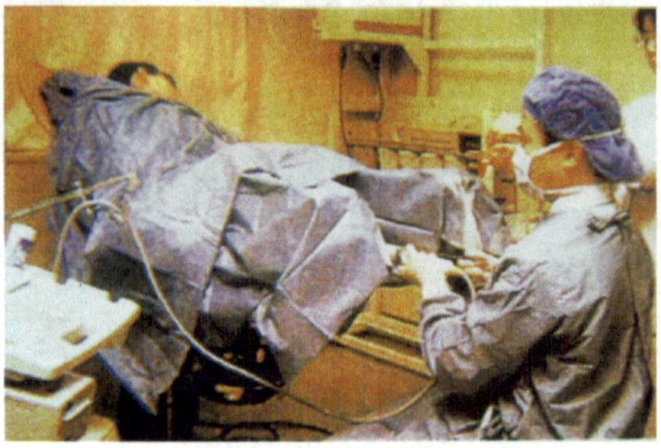
取卵："伦理"否？

既然讲“牺牲”，就要“区别对待”，既要“定量分析”，还要考察“主观动机”。有人就提出，应将使用“试管婴儿”中“剩余”受精卵的“废物利用”与刻意进行“体外授精”得到的受精卵并继而培养成人胚与为研究所用的做法区别开来。基于这种观点，丹麦和日本等国容许使用“剩余人胚”，但禁止纯粹为了研究目的而培养人胚。这在客观上是很难区分的。我们回到了只能由定义来判断的“动机论”，也就不可避免地引发争论。

“定量”在伦理学讨论中是非常危险的。

生命的“第五定义”——胎儿

对于生命定义的第五种理解是：胎儿才是完全的生命。

受精14天后的胎儿（或者一些国家定义的120天之后的胎儿）的生命价值与道德地位在分量上超过了所有前面讨论过的生命定义。从一些国家的法律来说，也不需要进行讨论。

从科学的角度上讲，受精14天后，直到分娩前的胎儿是完全的人类生命，似乎天经地义。

但是问题马上就来了：人工流产怎么办？

既然胎儿（不管是14天还是120天）已是生命，但它自己又还没有

"发言权"，母亲能在多大程度上来决定它的生死？社会呢？

这个问题，我们将在后面结合其他问题一起讨论。

生命的"第六定义"——新生儿

至于生命定义的第六种理解：生下来以后的婴儿，则是科学上、法律上，以及伦理上真正的、天经地义的、完全的生命个体。这样的"生命个体"同样地是可以"用于"科学研究的。也正是在这个意义上，生命科学及所产生的生物技术，包括克隆技术，把人类从科学研究的主体——研究者，变成了主体与客体的"结合体"——人类既是研究者，又是研究对象，还是这些技术的应用对象。

医学就是人类研究人类自己，并将研究结果用于自身的生命科学。医学的伦理原理是建立在《希波克拉底誓言》（附录一）基础上。现在西方很多大学医学院的学生，在学习人体解剖时，会按部就班地依照那两千年来的做法一本正经地列队，煞有介事地宣誓。但有两个明显的改变；第一，一般只是医学院院长在读"誓言"；第二，"誓言"成了"语录"，那些据说大家都认同可以删去的东西删去了！

"第二次世界大战"应该成为人类永久的教科书，第二次世界大战后的"纽伦堡审判"第一次把科学家与医生送上了历史的审判台。之后的《纽伦堡法典》（附录二）是人类第一个关于将人类用于研究的规范。

另一个重要的国际文件便是在芬兰首都产生的《赫尔辛基宣言》（附录三）。《赫尔辛基宣言》几经世界医学大会修订后，已为全球的生命科学与医学研究者所接受，并成为医学研究的准则；也是本书讨论有关问题的准则，这也是本书这么多重要附录的本意。

那么，还有什么问题？

有！这就是一个成人的生殖细胞能否进行"基因改造"的问题。因为这不仅仅是这个人的事，还关系到他的后代，再推而广之，更关系到全人类的未来。

还有"安乐死"！生可以讨论，死又怎么回避呢？

这些问题，还将在后文中进一步讨论（除了安乐死之外）。但是，本书并不把与医学有关的讨论作为主要内容。

第三章

生育

从自然到“非自然”的异化

生育的“自然”与自然的生育

也许自然的一切都是合理的。我们不明白这是我们真心诚意的认可与接受，还是无能为力的自责与掩饰。或许，我们真的认为“合理的一切都是自然的”。

生育是普遍接受的人类生命(生命的“第六定义”)合理的产生过程。

支持与反对“克隆”人不同意见的争论焦点之一，便是“非自然”或有那么一点“非自然”的生育是不是喜闻笑纳?

很多人认为，人类只有完全的两性生殖与分娩才是自然的。这一自然的生育过程，可以包括从开始到结束的生殖全过程：男女双方的性器官的发生与发育、性细胞的产生与成熟、性爱活动、精子和卵子在体内的受精与生长、胚胎在子宫里的发育、直至最后的自然分娩。

可以看出，这一过程的“自然”只是相对于现在已被接受的“非自然”技术干预而言的。

剖腹产——“非自然”生育的第一步

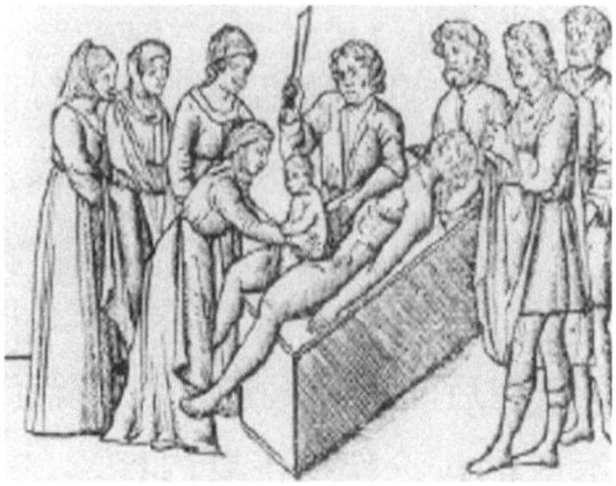

剖腹产：
“不自然”
的起始!?

剖腹产是人为介入分娩这一自然的生育过程的最后一步。在英文及很多西方语言中，“剖腹产”的原词就是“恺撒法”。据说恺撒大帝是第一个用剖腹产生下的孩儿。

为了孩子，母亲愿意献出一切，当然不惜在肚子上挨上一刀！剖腹产早已被不同文化、宗教的人们所接受，也许首先是因为母亲的“知情同意”——心甘情愿。剖腹产被认为是解决由于各种原因造成难产（特别是母亲的骨盆较小等解剖学上的原因）时，拯救母亲与胎儿的最佳方式。有趣的是，今天为了解除或缓解分娩时的痛苦，很多产妇即使不一定难产也选择了剖腹产，以免受自然分娩的疼痛，以至于又有人认为这些母亲有那么一点“自私”，也许是这些人自己没有尝过那难产给母亲带来的痛苦。

也许，最理解母亲、也有希望能多少帮助母亲的是父亲。在丹麦等国家，不仅允许丈夫进入产房，安抚自己的妻子，观察分娩的全过程，还允许丈夫用摄像机拍下婴儿呱呱落地的全过程。

但是，有关剖腹产的争论一直没有停止过。在学术会议上，专家们审慎地讨论剖腹产可能引起儿童多动症等病症，母亲再度怀孕时易患并发症，且出现宫外孕几率升高导致生育困难。根据医疗常规，剖腹产只能作为辅助手段。剖腹产使胎儿绕过分娩这一生命的“关卡”而直接来到人间报到，意味着自然生殖的过程不完整了，生育“非自然化”了！也许我们可以说，剖腹产是在“自然生育”的生命伦理学上撕开的第一条裂缝！

避孕药——“非自然”生育的第二步

也许人类早就产生了把做爱与生殖分开的想法。不知道从什么时候开始，在中国就流传着避孕秘方。而避开经期与体外排精这些最原始的避孕方法的采用则只是秘而不宣而已。

避孕药与避孕器具的使用曾在历史上引起轩然大波。尽管我们不知道其他动物的性爱是为了追求快乐还是为了生育后代，几分是为快乐，几分是为生育，但人类的做爱肯定不是每次都是为了生育。“造物主”赋予生殖以欢乐，或许是作为生殖这一伟大使命的补偿或奖赏。一般的人，性爱的欲望也许超过了对孩子的期盼，也许可以说不是每次做爱都关注性爱与生殖的关联。婚前、婚外进行性生活的情侣，在热烈的浪潮退去之后，随之而来的是对其后果的担忧。不只是羞愧，更严重的是对可能怀孕的恐惧。从科学上来说，非生育目的的做爱，显然是这个世界人口膨胀的原因之一。因此，将性爱与生育分开的避孕药应运而生，正像社会对其他科学的呼唤一样。

也许在伊始，避孕药是发达国家的科学家为了将性爱与生育分开而发明的一种药物。但在客观上却为发展中国家解决人口迅速膨胀的问题提供了据说最为简便、最为公众、最为伦理、最为“人道”、也最为文明的“灵丹妙药”。不管是现在使用的物理的安全套，还是化学合成的含有激素的避孕药，一般情况下对人体都没有明显的影响。即使有点儿什么“不良反应”也不在乎，只要在伦理学上与实际生活中已被接受，再逐渐在推广中加以改进便是了。

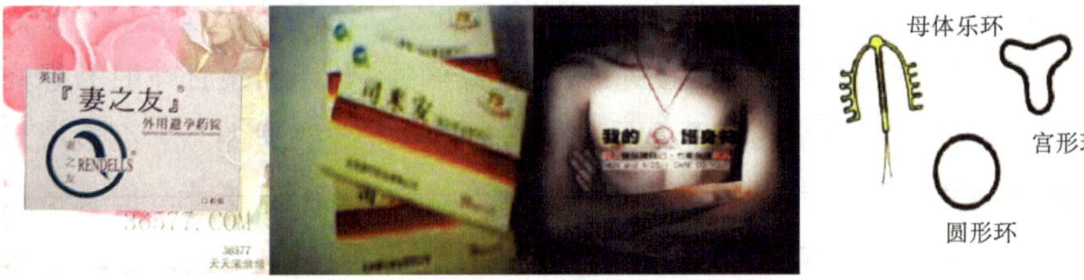

避孕药：性爱与生殖分离的第一步。

我们大家也许都读过一些小说中的描写：……那个时候，一对相爱的年轻人由于社会或者家庭不合理的干涉，或者出于别的什么原因，而只能“偷欢”；没有合法权利做母亲的女人“肚子变大”使隐私败露，他（她）们或者遭到不公平的惩罚，或者酿成一出又一出悲剧。那时的社会，也许不考虑什么原因使他们没有得到允许做爱的“通行证”。我们从道义上的同情感油然而生：如果他们当时有现在的避孕药就好啦！

也许可以说，性爱和生殖的分离，在道义上、伦理上、甚至法律上都是可以接受的。今天，在我国在给少男少女或大学的学生进行科学性教育的同时，已经开始发放避孕套。这种举动是老师、家长觉得有必要将性与爱分离呢，还是认为有必要保护青少年健康成长呢？

有趣的是，在心理上，性爱上所带来的无可名状的快感和不可抗拒的渴求已经被公开认可，生殖与性爱的分离也逐渐被接受，并成了伦理学上为同性恋辩护的有力依据。有关批驳同性恋的论点，如“同性恋在生物学上是不能被接受的，因为它违背了有性生殖的人类生物学原则”，也因此变得苍白无力。“你们可以背离生殖而做爱，为什么我们不可以在没有伤害任何人的情况下，以自己喜欢的方式寻欢呢？”

作为同性恋的辩护，还有直接指向宗教以及其他方式的禁婚或者对不婚不娶的选择：“如果你们说我们的行为使人类绝代、家庭绝后，你们这些实际后果等同的做法，为什么还装扮得如此道貌岸然呢？”

尽管此话题超出了本书讨论的范围，但所涉及的生命伦理学原则还在我们的讨论范围之内。

尽管很多人从宗教文化角度或是其他角度上反对使用避孕药，但是，即使是在受宗教影响很大的国家中，即使是在最“严肃”的宗教团体里，其避孕药的平均使用率与最“开放”的那些西方发达国家相比亦没有显著性区别。

如果说避孕药的出现和应用在伦理学上还是可圈可点的事件，那实际上就是加速了精子和卵子作为“生命”（生命的“第二定义”）的贬值过程，“精子与卵子”不再被视作生命，他们就像人体其他能够不断再生的脱落细胞一样，如果不用于孕育生命就没有任何价值，算不上是真正完整的生命。

人类的情感是奇怪的，难道不可以简单地控制情欲放弃做爱吗？恐怕谁都不愿意直接向自己问这个问题，至少在今天这个现代社会。

避孕药也许是药物“异化”的开始。药物不再是解除痛苦、医治疾病的“灵丹”，倒成了阻止生命形成的杀手。难怪有人责怪生命伦理的“滑坡”，认为避孕药的接受是可怕的第一步。

药物的“异化”确实愈演愈烈。运动场上的兴奋剂就是一个典型的例子：原先的甾类兴奋剂还在使用；2003年又出现了新的DMT（脱氧甲基睾丸激素）兴奋剂；基因兴奋剂如EPO，也不断涌现。这是科技的发展，但同时也是体育运动的悲哀。因为这与药物“治病救人”的原则相背离。

药物的“异化”尽管不是本书讨论的内容，但我们可以在此举两个与生殖相关的例子。

一例是当今流行的“多胎药”，如克罗米芬，它是一种促排卵药物。平时女性一次只能排出一个卵子，而服用此药后却很有可能排出2～3个，甚至5～6个，或者更多。服用此类药物的结果会使多胞胎率频频提高，这在伦理学上如何理解呢？

另外一例便是“伟哥”与“芳诺”（Femprox，一译“靓妹”）。这类药物除了用来治疗性功能障碍之外，还被很多人用来寻欢作乐。说实在的，这与中国历史上流传的“春药”的功能不能不说相似。但前者被誉为“拯救了成千上万的家庭”的重要发现，在科学上被肯定，在道义上被赞颂，在市场上被热销；而后者至今难登大雅之堂。公开的“平反”未必需要，但这不公平的待遇似乎也不应该。

人工流产——“非自然”生育的第三步

流产与剖腹产不一样，它本是终止妊娠的一种自然方式。由于遗传与环境的作用，有一定比例的婴儿的基因组异常（如有太多或太少的染色体）或其他原因，在一开始就已经畸形，在胚的早期、胎的初期便夭折，这是非常不幸的。但这又是不幸中最幸的选择！“造物主”不忍让父母看到畸形的孩子或死亡的孩子出世，提前卸下了母亲的负担。也许“造物主”想说：既然如此，越早越好！

造成流产的原因可能是母亲有的时候过度劳累，或过于悲伤，或过度运动。无意识的错误从来在道义上都是可以原谅的。我们也把它看成“自然”的流产，最严重的说法也只是“不小心流产”了而已。

但是，随着对发育的了解的深入与外科技术的发展（包括器具的发明），人们开始了“有意识”的人工流产。在英国，每100个妇女差不多有两人做过人工流产；在美国，近几年有130万妇女做人工流产。

对“人工流产”伦理上的争论迄今还没有终止。在丹麦等国家，在20世纪60年代之前，只能允许因强奸等原因怀孕的流产，这是考虑到对母亲与孩子的永久性伤害，否则，要经过专门的机构讨论，才能得到许可。而“不小心”怀孕，后来觉得还不具备条件抚养孩子等理由都将不予理解。其理由或许是“做爱是为了生殖”的提醒：不要忘了，这不是为了“做爱”——你们自己享受的过程，而是“制爱”——你们一起制造爱的结晶！

这使我们想起中国最著名的遗传学家李景均曾写过的一段话：“……我的家乡在天津塘沽。那一年，八国联军侵略我国，我的村民里面不少姑娘未能幸免（这是百分之百绝对的强奸！）。这些士兵走后不久，一个又一个浅色头发，蓝色眼睛，白色皮肤的婴儿接二连三地出生了……”

也许应该责怪我们的社会当时不能接受这些无辜的孩子，也许是当时的慈善机构无法联系他们的父亲（士兵），更确切的原因是这些人根本就没有想到做爱与生殖的关联，也从来没有想到对其后果负一点责任。

“最后，村长召开专门会议，通过了一项决议：把所有这样的孩子溺死。”

我们至今还为这段描写深深触动。我们想，如果那时有人工流产的话，也许是最人道也应该是首选的手段。

“人工流产”对母亲健康的伤害是不言而喻的。我们很难想像这些母亲的心情，不管是自愿的还是被迫的选择。正因为如此，检查早孕的试剂也应运而生了。

早孕检测试剂的原理是在怀孕并着床后不久，母体中的一些激素的分泌发生改变。现在出现的最先进的早孕试剂，可以由没有受过训练的人在家中自己检查，早期、快速、准确。

同时，早期“引产”的药物也已出现。吃几片药，就可以悄悄地把胎儿打掉。也许，这在最大程度上保护了隐私，但在经典的伦理学家眼里，这无异于为道德沦丧敞开了大门。

但是，我们不要忘了，前面说过，胎儿已是人类的生命（生命的“第五定义”）！不只是母亲身体的一部分！而我们在讨论时，似乎忘了对它自己已被赋予的生存权，难道社会或它的母亲有权在它有能力选择之前终止它的生命吗？

试管婴儿——"非自然"生育的第四步

由人工体外授精而开始的"试管婴儿"是"非自然"生育的一大"飞跃",是有史以来人类以科学与技术对自身生殖的最大程度的干预,也是对生命伦理的最大冲击!

"试管婴儿":皆大欢喜!

现在,在美国至少有1%的孩子是通过体外授精孕育成人的。体外授精技术无疑给已婚夫妇中的不育患者带来了福音。很多人把"试管婴儿"看成是治疗"不育症"疾病的一个神丹妙方、生产胎儿的最佳方式。

"试管婴儿"技术是"体外授精联合胚胎移植技术"的通俗称谓。是分别将人类卵子与精子取出后,在体外(培养皿)或试管中使其授精,并培养成胚后,再植回母体子宫内,发育成婴儿。已接受试管婴儿的国家或机构,还有每天在"送子观音"的感激和赞美声中工作的生殖学家和临床妇产科医生,或许已经忘了他(她)们每天常规性的收精、促"超排"、取卵、精子与卵子的"人工处理"、授精、检查、植入、着床以至于观察胎儿发育成熟的全过程,已经完完全全背离了很多人心目中的"自然生育"。

在"克隆人"的讨论中,支持与反对"克隆人"的双方都不可避免地要引用"试管婴儿"作为例证。我们是否需要对"试管婴儿"重新给予审视呢?是否需要将"试管婴儿"与"克隆人"进行多方面的比较来找出异同呢?"试管婴儿"当年对社会与观念冲击所发生的事件,是否可以对我们关于"克隆人"的讨论有所启示呢?

不能否认,"试管婴儿"这一使用精子与卵子在体外产生受精卵,进而培育人胚的技术,居然没有在伦理上及时受到人们的质疑与如同今天这样的认真讨论。有关的管理机构也没有在当时加以干涉或者制止。"要有自己的孩子"的呼声与公众对其的同情,掩盖了对其相关生命伦理问题的关注。

至少“试管婴儿”并没有被唾液所淹没。尽管那时反对声不能说是暴风骤雨，但也绝不是和风细雨。

可以说，“试管婴儿”为今日“克隆人”的诞生奠定了技术基础与生命伦理学的支持，至少为“克隆人”的支持者提供了最有力的佐证。尽管反对“克隆人”者是不会赞成把这两个问题相提并论的。

1978年，当世界上第一个“试管婴儿”露易丝·布朗（Louise Brown）出生时，整个世界为之哗然：有人惊喜，有人叹息！有人在为她所带来的福音欢欣鼓舞，有人在为她将来的心理健康问题和心理承受能力担心——“作为一个试验样品长大的孩子，在她成长的心理路程中会投下怎样的阴影呢？”更有人焦虑“试管婴儿”会给生命伦理学带来有史以来最大的一次“滑坡”。

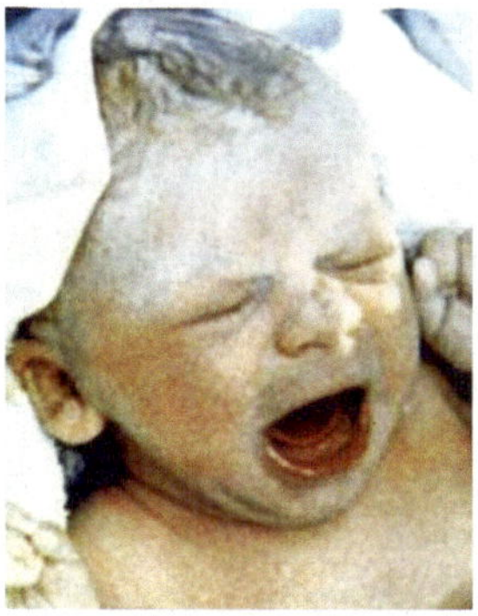
刚出生

14个月

路易丝：第一个“试管婴儿”。

在我们开始讨论“试管婴儿”之前，让我们走进被称为“生殖科学研究中心”，或“辅助生殖研究所”，或“体外授精服务部”，或“试管婴儿实验室”，来看一看“试管婴儿”诞生的全过程吧：

实验师（医师）首先要检查夫妇双方的健康状况，特别是仔细检查双方的生殖系统是否有“器质性”的问题。在确认由于各种各样的原因，女方确实没有怀上孩子的能力，但又有正常的产卵能力及完好的生殖器官，就开始了对人类生育的第一步人工干预：使用某种激素来调整经期——不是自然生殖下的有规律的每月来潮，而是用另一种激素进行“人工超排”。“超排”是指用人为方法一次排出一个以上的卵子[自然状态下成年女性每次（每月）产生一枚卵子]，立即收集到备有“培养基”的玻璃或塑料试管之中。

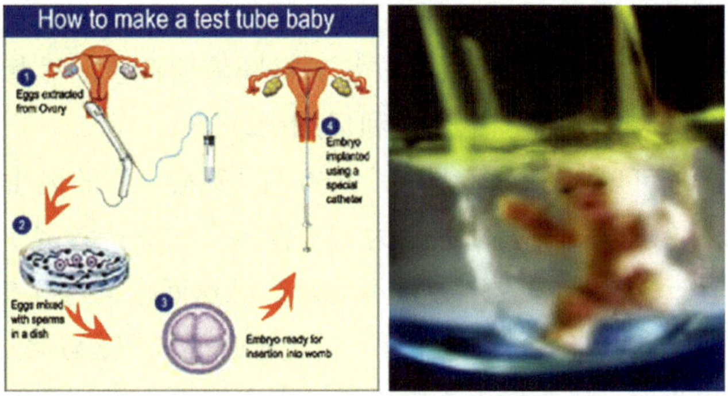

试管婴儿：生育的“非自然”化？！

与此同时，医生要检查男方是否有产生正常精子的能力。然后请他到一个“舒服”的房间，也许还会模仿私房的氛围，让他通过“自淫”手法射精，并将射出的精液接到一个准备好的玻璃试管之中，立即送到医师的手中进行检查。

实验师将卵子用一种特别的“生化药品”来去除它的保护层（称为“透明带”），然后逐个拣到“培养皿”中或“多孔板”的每个小孔里。培养皿或小孔里已经装好孕育生命的溶液——培养液。然后再细心地将精子放进去。于是，一个本来只能在人体内“自然”发生的受精过程就在这一人工制造的环境里重现了。这是人类科学的又一奇迹。

成功受精后的卵子（受精卵）在培养基里开始分裂，长成早期的人胚时，母亲的身体也用激素人为调节，正好到了可以接受这一新生命的时候，实验师用镊子小心翼翼地把这个“人胚”夹起来，放到母亲体内。这就是“人工着床（植床）”。

一般地说，一次只能种一个受精卵。但为了提高“成功率”，有时实验师会送进去一个以上的“人胚”。这也是自然现象的人为“重现”。在自然状态下，母亲有时也会一次排出两个卵，这两个卵被分别受精并被“着床”，分别发育成两个孩子，这就是“异卵双生”。“异卵双生”的孩子之间的关系与前后相隔几年出生的兄弟姐妹，在遗传上关系是一样的，只是把两个“兄弟”或“姐妹”或“兄妹”或“姐弟”一次怀上并生出来而已。但“试管婴儿”的多胎率较多。除也偶尔发生的“同卵双生”外，多胎的“试管婴儿”应该说是人为的“异卵多胎”。

到这里所讲的，还只是第一代“试管婴儿”，最基本的、人为因素最小的“试管婴儿”技术。不管如何，它的意义是多方面的：在生物学中，作为一个干预人类生殖的手段；在医学上，作为帮助不能生育孩子的夫妇的技术，或称医治“不育症”的医学方法；在伦理上，作为给不育夫妇（多由女方引起）的“送子观音”。

第二代“试管婴儿”——“来自银行？”

第二代“试管婴儿”随着技术的改进，“不自然”的因素越来越多。

第一代“体外授精”与“试管婴儿”的成功，立即使人们想到：既然可以帮助女方，为什么不能帮助男方？也就是能不能帮助那些女方一切正常，而男方不具备生育能力的夫妇生育孩子呢？

是的。有的父亲，尽管也有我们前面说过的生育孩子的权利，但由于种种原因，没有产生精子的能力，或精子很少，或活力较差。“巧妇难为无米之炊”，用他自己的精子不管是让他自己“自然”地履行使命，还是来制造“试管婴儿”都是没有多大希望的。

怎么办呢？只能借用别人的精子。

我们也不知道“异父试管婴儿”是什么时候、什么地方，由什么人首先开始的。于是，两个新的东西——一个是精子的“供者”，另一个是“精子银行”，便悄然出现了！

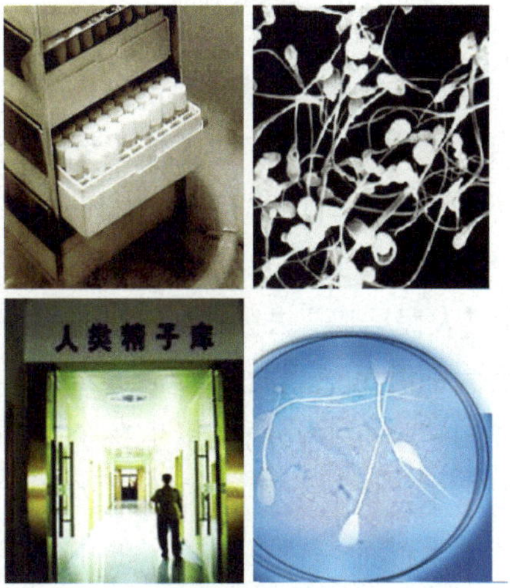

精子库：存储人类精子的“银行”。

体外授精不需要两性的直接接触，解决了精子供应的时间与距离的问题。细胞冷冻技术解决了精子的储藏问题，因而就有了储藏搜集好的精子、以备“体外授精”之用的“精子银行”。

据统计，在我国的不育夫妇中，至少有100万的男性患有“无精症”。“精子银行”或“精子库”就是围绕这些父亲所患的无精症、少精症、弱精症或者精子畸形等原因而设立的。

美国目前至少有50多家精子库。根据美国生殖医学协会统计，1995年有1659例是采用精子库供应进行体外授精的，其中有1350例婴儿出生；1998年的体外授精数字已为9361例，其中有7712例婴儿出生。如今美国每年约有3万名新生儿是使用“精子银行”的精子而来到这个世界上的。

世界上声誉最好的“精子银行”居然在世界上最小的国家之一——丹麦的一个“世界上最大的小城市”——奥尔胡斯。精子的主要供者是这一大学城的男大学生，他们仅收取少许的象征性的津贴。他们在医学上的检查最为认真，被认为是世界上“成功率”最高的“精子银行”。

丹麦：世界上声誉最好的“精子银行”。

精子“供者”自然不会再是法律上的丈夫。实际上，是由于自己的丈夫不能产生“有效”的精子，只好请另一位男性“献精”，来解决这对夫妇的“不育”问题。

我们实在不理解“使用别的男性（非法律丈夫）的精子”的观点居然那么轻轻松松地被社会广泛接受。在当时，为什么没有受到法律界、伦理界、生物界的一致谴责呢？

这使我回忆起孩提时代一件在农村发生的事情。记得在我童年时，一对有5个女孩的父母的第6个孩子快要出生了。这位产妇第一次要到县“人民医院”去分娩，这对当时不是难产不送医院的旧习惯是个特例。因为那时虽然农村已有了进步，也在推广“新法接生”，但大多数情况下产妇还是在自己的家里生孩子。那时的情况好像还历历在目：一家媳妇生孩子，几十个邻居亲戚在这家门外等候迎接婴儿的第一声哭声，而助产婆大都为“德高望重”的中老年妇女，她们等着接受产妇的“红包”与赞扬……所以这位产妇到医院分娩一事，成了村里一些人饭后的“谈资”。几天之后，一个男婴随着这位产妇坐着一只“河泥溜”的小船回来啦！于是，全村老少，亲朋好友前来祝贺，“满月酒”摆了十几桌，来庆贺这一家有了可以“传宗接代”的男孩啦！

也就从那天开始，村里就有了议论：这孩子不是“亲生的”。但按照那时的风俗，这类议论本身就会受到道德上的自我谴责！特别是孩子长大以后，如果有人还议论这孩子不是“亲生”的，全村乡亲就会群起而攻之，认为他“缺德”！

后来，消息还是从那个“人民医院”里传出来了，据医生和护士透露，这是他们应父亲的要求刻意安排的“领养”。后来，孩子的真正“生物学”父母也曾悄悄地来过。在当时的农村，亲戚来访是瞒不过别人的，因为邻居会主动来问是何方亲戚，还送来自己舍不得吃的好吃的东西。我们还都享受过我们亲戚的邻居送来的这样的“盛情”呢！最后，这男孩子的长相更使这事儿露馅啦！但乡亲们还是在道义上承担“保密”的责任。后来“修家谱”的人来啦！尽管他们也心知肚明，但还是在围观人群的众目睽睽之下，庄严地画下了这一家系的“家谱”。

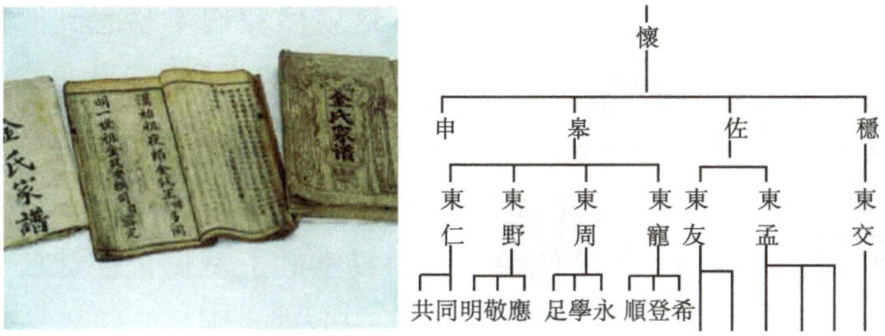

家谱：遗传家系的中国版本。

在法律和民俗上认可这一成功传宗接代的方式，并不需要进行DNA检查鉴别“真伪”。

对领养的认可与接受，是对“血统”的伦理学挑战！在中国这样一个重视“血统”的传统社会，这不能不说是社会学的一个进步！历史上的很多英雄，如岳飞，他的儿子之一——岳雷可能也是领养的，而且被誉为“义子”，把“义”这一最神圣的称呼给了非亲生的儿子。“有义子而无义孙”，这

岳飞：英雄之子，何需亲生？

句老话实实在在地认可了"社会学父亲"的地位。从岳雷的儿子开始的所有后代（如果有的话），是不会受到任何社会歧视或是不是"岳家血统"的责问的。

在瞻仰郑和——"三宝太监"故居时，很多游客都对"郑和的父亲也是太监"感到吃惊，更为闻名世界的郑和的后代而困惑。原来，他们两代的延续都是过继兄弟的孩子（领养）。这是天经地义的，即使在当时的封建社会，也是无可厚非的。

郑和：子孙满堂的"三宝"太监。

这就使我们不禁想到西方的民主立宪国家。他们那最现代、最文明的宪法，似乎还比不上中国这一传统的社会习俗，他们是典型的"重男轻女"。英国、丹麦的宪法接受女王，日本的王室据说能让公主继位，而被认为是一个进步呢！

这也需要研究"中国姓氏遗传学"的同事予以注意：中国的"有义子而无义孙"，也使中国的姓氏并不一定代表这一姓家族的Y染色体！

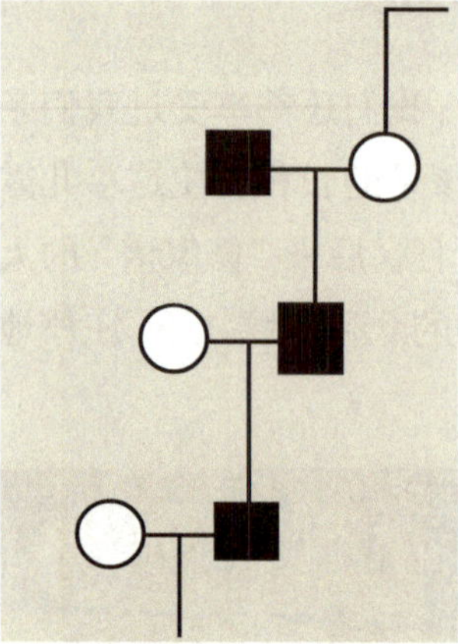
Y染色体：父系遗传。

这一事又联系到现在广为流行的DNA亲子鉴定。既然"生物学父母"与"领养"已被接受，有什么理由一定要让领养的孩子预先申报呢？为什么一定要做这样的"遗传学鉴定"呢？

亲子鉴定：DNA的新应用。

我们很同情英国一对移民父母的话："为什么一定要用科学来拆散我们这个家庭呢？"他们是因孩子被DNA技术查出不是亲生而不能全家团聚。原因是他们要从另一个国家移民到英国，英国的移民局要他们做DNA亲子鉴定，结果是：他们孩子中的一个和他们自己没有血缘关系。而这点，他们双方确实都不知道，孩子更不知道。但不管怎样，重要的是，他们一家一直生活得很幸福。有人告诉我们，在一些国家，约有10%的孩子和他们的父亲没有血缘关系，据说并不一定影响夫妻关系、家庭和睦。

如果说“社会学父母”与“生物学父母”的问题并不严重，那么，另一问题便出来啦！

在旧中国的社会里，丈夫有时可以接受妻子“婚外”的孩子。在我的家乡，也确实有过丈夫有意让妻子与另一男人同床为他家生一个孩子的事情。尽管这一做法即使是在当时也被认为是可耻的！那么“可耻”的原因在哪里呢？可能就是身体的直接接触吧！如果这样，精子捐献差不多成了一块遮羞布。然而，有一些人质问，只要不影响家庭和睦与夫妻感情，这样的“遮羞布”在伦理上、社会上为什么不能被接受呢？

“试管婴儿”可以用别的男人的精子，也许只能从这一角度才能从伦理学上予以辩护。“明白告诉你：这孩子是另一男人的，又明白告诉你：你的妻子没有同那个男人上过床”。科学真是个奇妙而又可爱的东西。有了人家的孩子，又保持了自己妻子的“贞洁”。

“性爱”与“生育”，居然由科学从另一角度和平地解决了！伦理学家面对已被接受的事实，也只好听而认之！

可是，我们的生物学家站出来了，他们不是做“道德”的辩护人，而是从他们的专业出发：假如有一天，一对青年人相恋了，但他们不知道自己是“同父异母”的孩子，这一问题便严重啦！因为一个供精者完全可能把自己的精子提供给一个以上的母亲。一些国家的法律规定：一位供精者只能给3位或者5位母亲，再多给1人也不行！现在对这种规定我们还不知道有什么根据？给2位、4位、6位母亲的类似规定为什么就不行呢？

要不要告诉孩子本人或他人，这是“试管婴儿”的“异父”干的好事，这对遗传学（生物学）家、社会学家、伦理学家、父母以及社会来说都是一个棘手的问题。

伦理学家一般认为精子的捐献者应该是匿名的，而一般孩子的父母也要求保密。事实上，大多数“精子银行”也不把精子捐献者的信息告诉父母，而且还精心安排科学的“骗局”。他们把手里的关于捐精者的信息做了最合乎伦理学与社会学的运用；他们把高个子的捐精者的精子给了个子也比较高的父母，把高鼻子的捐精者的精子给了有一方鼻子高的父母——尽量在遗传上（实际上是表现型）搭配，使这一“试管婴儿”的形态特征与一般大家想像（没有科学依据的）的一致，以达到孩子免受“侵犯”的目的。

他们也根据生物学家与社会学家的要求，尽量把同一捐精者的精子分送到距离甚远的两地。这不知道是不是从“造物主”的“距离上的生殖隔离”那里得到的启发。据说有的“精子银行”规定来自同一捐精者的精子要分送到相距至少1000公里远的地方，以避免“同父异母”兄妹的可能通婚。他们用心确实良苦，然而却忘记了现代交通与社会交流的方便，早已使这一距离客观上成为零。

可是，这一“匿名”原则的问题又出来啦！

这问题首先是伦理学家提出来的。就是“知情权”的问题。当“试管婴儿”长大成人后，他（她）要知道自己的“生物学父亲”，还要找到他本人，这该怎么办？

这的确成了一个现在的社会问题。不过不管出于什么样的考虑，现在一般的“精子银行”都保存了捐精者的信息，以便在“试管婴儿”被赋予“知情权”后，能保证如愿以偿。

经过长时间的琢磨，还是想出了一个“两全其美”的办法：一方面要在伦理学上能够接受；另一方面要介入一种程序甚至法律。譬如要“试管婴儿”本人申请，“社会学”父母同意，经过某个“伦理委员会”审批（注意：这在伦理学上，是把权利的执行交给了非执法者），还要经过捐精者——“生物学父亲”的同意。如果这几方：试管婴儿、社会学父母、生物学父亲，伦理委员会不能取得一致性的意见，只好诉诸法律。这倒是给法律出了一个难题：根据什么法律、什么法令作为判决的依据呢？

事实上，这也真的给“生物学父亲”——捐精者出了个实实在在的难题。我们都看到过这样的报道：一个男人突然接到了一个通知，不管是某地医院的，或是精子银行的，还是地方法院的，或是一个从没有听说过的男孩或女孩的信：有人要来认他这位“亲生”爸爸啦！且不说他自己的妻子会不会有什么误解，他们自己现在的孩子可能正在考虑是否接纳这位“同父异母”的姐妹兄弟。对于“捐精者”来说，这真是一个来自多方面的挑战：当年，自己只是为了钱或只是想当“送子观音”做件好事，现在却变成给自己找麻烦啦！正因为这样，不少捐精者拒绝提供自己的信息，不愿公开自己的身份，以免将来可能给自己的家庭和生活带来影响。完全可以预料：自愿捐精者会因此而减少。

根据法律规定，这些“捐精者”对使用他们的精子出生的孩子不需要像当一个父亲那样对孩子尽权利和义务。因此，当美国旧金山的罗斯突然接到电话：多年前他所捐的精子，如今已是长大了的一对双胞胎，他们想和自己真正的父亲见面时，他十分不安和恼火，当年填写的表格明明白白说明他有“匿名权”。“匿名权”大还是“知情权”大？谁的“知情权”更大一些？他自己都不知道自己有多少个孩子，在哪里又得到“知情权”呢？

住在美国加利福尼亚州的克莱尔小姐却真碰上另一件有意思的事：在他18岁生日那天收到了“精子库”寄来的邮包，内有她“父亲”——精子提供者的姓名、车牌号、出生地址和日期、电子邮箱地址、电话号码、家庭住址，外加照片。

这家位于加利福尼亚州的精子库从1983年起，开始了向18岁以上“子女”公开其“父亲”身份的工作。克莱尔是该计划实行以来的第一个受益者。

克莱尔自小无忧无虑地与其他孩子一样成长，但随着逐渐长大，她终于知道了自己原来是个“试管婴儿”。她知道她的“生父”还向其他的家庭提供了精子，这意味着她在别的什么地方可能还有着“同父异母”的兄弟姐妹。我们不知道一个处在青春迷茫期的年青女孩子如何面对这一现实，是高兴还是忧伤？

“寻父记”：这位小姐想知道她的遗传学父亲。

看样子，有时候看起来在现代社会最为合理的“知情权”也不一定能保证快乐的结果。幸好，现代人类已经有了一个新的权利——"不知之权"！

俄罗斯的一个共和国曾出现过一个让人难以置信的奇迹：一位年轻妇女再婚时，竟然发现丈夫就是自己亲生儿子的"生物学"父亲！

这位名叫萨沙·罗曼诺娃的妇女，在数年前的一个雨夜，丈夫伊戈尔突遭车祸不幸去世。丈夫的突然离去使萨沙对生活感到心灰意冷，她闭门不出，顾影自怜，日渐憔悴，偶尔走出家门也只是到丈夫的墓前看看。

萨沙的好友伊林娜不忍心看她这样折磨自己，为她出了一个主意：生一个孩子打发时间。

萨沙听从朋友的劝说进行了人工授精。9个月后，一个男孩呱呱落地。为纪念丈夫，她决定让孩子姓伊戈尔。半年后的一天，萨沙和一位名叫安德烈的小伙子一见钟情。几周后萨沙答应了安德烈的求婚。婚礼前，萨沙向安德烈公开了秘密：孩子的父亲到底是谁她也不知道，因为精子库对精子提供者的姓名是严加保密的。安德烈也说出了自己的一个秘密：一年半以前，他因一时手头不宽裕，曾到精子库提供过精子。

在萨沙的坚持下，安德烈去医院做了亲子鉴定。看到结果时，萨沙比受孕那天还激动。

鉴定结果证明了一个奇迹：儿子遇到的真是他的亲生父亲。终成眷属的萨沙和安德烈还做出了一个决定——不改孩子的姓名，因为他们觉得这一切都是"天意"。

另一问题却是医学界提出来的。我们也看到过这样的报道：一个孩子患上了白血病，需要骨髓移植，但首先要找到人类白细胞抗原(HLA)相同的供者，进行组织配型。HLA是体细胞表面的"主要组织相容性复合物"，是人类不同个体的免疫细胞识别自体与异体的"标记"。可是，这个孩子就是找不到合适供者。进行组织配型的依据是遗传学。父母与孩子可配上的几率要高得多。但父母检查的结果却使大家吃了一惊：这孩子居然不是这个父亲的！父亲确认了这一事实，可是却把对这一事实的解决差不多引上了绝路：除非找到他的亲生父亲！于是，他们借助当时的新闻媒体，在全国、全世界寻找他的"生物学父母"！

真是三生有幸！这一报道由于媒体的传播以及热心记者的寻访，孩子的"生物学父亲"终于千里迢迢地赶来与孩子相认；又借助了现代

DNA鉴定技术，确认他确实是孩子的父亲，而他也做好了为"亲生骨肉"捐献骨髓的准备！

因为这一医学上的原因，现在保存捐精者的信息是需要的。但这又引发了一个难题：一个捐精者，不但要做好认一个孩子的思想准备，还要做好为自己亲生骨肉捐献骨髓或其他器官的准备。尽管连有没有这样的孩子，是男是女，何时何处出生都不知道。

除了与婚姻的联系，另一问题是代孕的问题。一个母亲如果因为生殖器官有问题，如子宫因病切除，但又希望有"试管婴儿"，能不能找一个志愿者或雇用一个妇女来代受"十月怀胎，一朝分娩"之苦呢？这些又引出了"生物学母亲"的分离——"遗传学母亲"与"产科学母亲"。这在中国是非法的，但在美国、英国等却是合法的。英国从1985年以来已经有上百名的婴儿是通过代孕母亲而出生的。

还有一个问题也很有意思，单身母亲是否有权利享受"试管婴儿"的好处？大名鼎鼎的好莱坞影星、金像影后茱迪·福斯特(Jodie Foster)就是两个"试管婴儿"的未婚妈妈。这两个孩子的"生物学父亲"均来自精子库。

代孕：帮助女儿代孕孩子的母亲。

但中国相关法律、法规明确规定，独身、离婚后未再结婚的都不能进行人工授精。

可是，又有事啦！

30岁的王霞早在3年前就和丈夫几乎用尽全部积蓄来换一个"试管婴儿"，终于盼到了。然而，人生难测，就在她分娩前一个月，丈夫突遭车祸去世。悲痛至极的她毅然做了决定：利用这个"冷冻胚胎"继续怀胎生子，圆自己与丈夫一生的梦。然而这个请求未能得到批准，因为丧偶的她已属"单身"，医院不能满足她的要求。如何是好？请你给想个办法吧！

第三代"试管婴儿"——精子与卵子的改造

如果说"精子银行"——第二代"试管婴儿"已经带来问题的话，第三代“试管婴儿”的问题就更多啦!

首先从男方的精子说起吧!

根据现在的医学评价，有的父亲的产精能力是正常的，他的精子在遗传学上也能提供生育一个健康孩子的基本条件。但是，由于某种原因，精子“体力不够”，不具备进入卵子的能力。

科学对于这样的事处理易于反掌：有一种技术叫做“细胞核移植”，能在实验室里把一个细胞的细胞核用一个很细的注射器转到另一个细胞里去。这一技术就用到“试管婴儿”上了。在显微镜操作下，把一个精子直接注射到卵子里去。当然，这一技术还要对精子进行“科学的加工”。现在这一技术已经被普遍应用，给由于父亲一方的“不孕症”又提供了新的医疗方法。

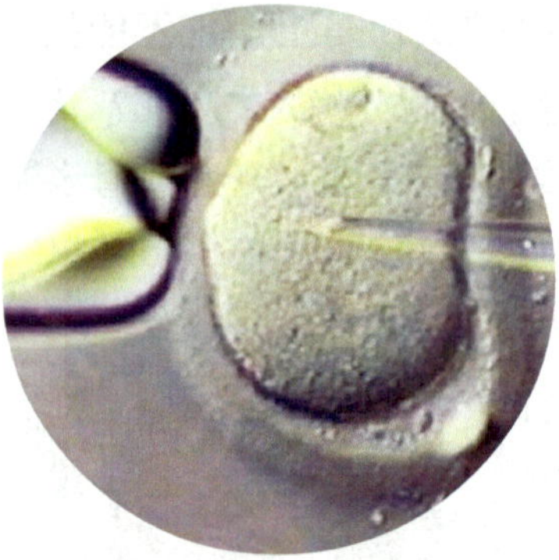

单精注射：卵细胞浆内注射精子。

“试管婴儿”的专家还有别的好办法：“借鼠育精”。他们可以把一些可能发育得不是很理想的精子植入小鼠的睾丸中让其发育成熟，然后再杀死小鼠，取出睾丸，细心地根据精子的形态把植入的那些人类精子挑出来使用。他们正在努力，用相似的方法，将女性的发育不尽完美的卵细胞也放到小鼠或者其他动物的卵巢里去，借“巢”育卵。这听起来挺可怕的，可是，的的确确地在我们身边发生了。

女方的卵子呢?

我们知道，卵子与精子的作用在生殖上有所不同。父亲的贡献主要是精子的核，所提供的是一套染色体，即一个基因组的所有遗传物质和信息，而现在还没有精子的细胞质进入受精卵的证据，也许是进去后就被受精卵排除。现在，父亲精子的细胞质中的线粒体——细胞质中主要负责提供能量的细胞器，父亲的线粒体进入卵子并传给孩子的只有几年前丹麦女科学家薛旺兹博士的一个报道。

而母亲则不一样啦！除了细胞核的一套染色体外，还有细胞器中的一整套“解读”遗传信息的“机器”。这一“机器”能像电子计算机的硬件那样，把编制在父母染色体中的软件程序解读并表达出来，除此以外，还有卵子的细胞质中的线粒体等细胞器。

于是，第一个确实改变人类的基因组的“事件”便悄悄地发生啦！

我们所讲的人类基因组，包括一大一小两个基因组。大的便是来自父母的细胞核的基因组，即我们常说的“长达30亿个碱基的人类基因组DNA”。小的是线粒体的基因组。它大概只有16 000个碱基。大约为人类核基因组的1/200 000。它存在于细胞质中，由于受精卵的细胞质主要是来自卵子，因此它是“母系遗传”的。我给学生出的考试题目中有这样一道题：兄弟姐妹的基因组是不是完全一样呢？正确的答案是：兄弟姐妹的线粒体基因组完全一样——除了在母亲与孩子这两代中发生的突变，造成异（细胞）质现象之外。而核基因组经过多个“重组”事件，只有1/4完全相同的可能性。

科学家发现，有的卵子受精率很低，并不是卵子的细胞核有什么问题，而是卵子的细胞质有问题。主要问题也许是能量不够，也许还需要细胞质中的什么东西，于是，另一技术——细胞质注射技术便应运而生了。

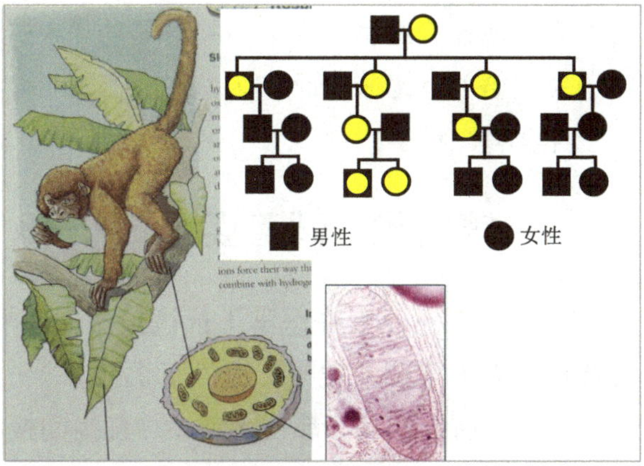

线粒体：“母系遗传”。

细胞质注射技术的要点，是用“显微操作技术”，抽取另一健康女性的正常卵的细胞质，注射到受精卵中去。这一技术确实在一定程度上提高了卵子的受精率，尽管它的最终机制还不能说已经完全搞清楚了。它在“试管婴儿”中已得到“有限使用”，即只能在排除了所有别的因素，确实只是由于卵子细胞质的问题时才采用。这样的经“细胞质”注射的“试管婴儿”已经出生，也就是说，在客观上已被人们接受。

从遗传学的角度来说，这才真是改变或修饰人类基因组的开始！因为本来兄弟姐妹的线粒体DNA基因组都来自母亲一人，现在却来自两个不同的母亲的卵子！这样的现象，类似于由于线粒体的DNA发生突变产生两种不同线粒体基因组的"异（细胞）质"现象。

不管如何，人类第一次出现了"第三者"基因组的介入。在科学上这是迄今为止"试管婴儿"带来的实实在在的生物学问题；在伦理学上这有悖于常理所说的关系到我们后代的不可预测的后果，也就是迄今为止尚不允许生殖细胞基因组治疗的根据。看来伦理学的大门又被钻开了一个洞口。

从遗传学方面来讲，这一现象能被"容忍"是因为两方面的原因：一是"当事人"没有出现直接的任何不良效应，根据现在的遗传学知识，也没有对"当事人"的后代产生可预计的不良影响；二是与"同父异母"的"试管婴儿"一样，两个这样的孩子长大了真的结婚也很罕见，一般不认为会普遍到改变"人类基因组"的严重后果。

但将来呢？不知道。现在卵子供应紧张，大有"商业化"之可能性。会不会出现什么细胞，或干细胞培养的"人造卵子"呢？会不会用一个卵子就"培养"出来一个"人造孩子"来呢？

科学啊，科学！

第四代"试管婴儿"——"选择婴儿"

"试管婴儿"不仅在医学上已被接受为医治"不孕症"的方法，还给有意识地人为干预人类遗传提供了机会。

人类的所有疾病，都或多或少、直接间接与基因有关。其中的一些疾病，是因一个基因的某些变化引起的，称之为"单基因遗传病"。这样的疾病现在已被认识的至少有1万余种。对这些疾病的认识，奠定了认识人类疾病与基因关系的基础，是经典遗传学的重要内容，因此也被称为"单基因经典遗传病"。尽管这些单基因遗传病的发病率不是很高，所有1万多种遗传病的发病率加起来还不到百分之一（一些群体的特有遗传病除外）。但是一旦发生在某个家庭或某个人身上，肯定百分之百不是好事。因为大多数这样的疾病还没有理想的治疗方法。

这样的单基因遗传病的发病率也不算低。其中的一种，称为"囊性

CF：为什么盯上了欧洲人？

纤维化”，又称为“CF”，在白种人中的发病率为1/500～1/400，即每400～500人中便有一个这样的病人，每20～30人便有一个“携带者”。有趣的是，这种病在亚洲人群中却甚为罕见。

这种病是典型的“遗传病”。它完全符合孟德尔遗传学中“常染色体隐形基因”遗传规律：只有两个染色体的这个基因的位置上都是“不正常”的“等位基因”（位于一对同源染色体相同的位置上，控制着相对性状的基因，是一个基因存在的实际的不同方式），这个人才会得病。而一个人的同一号染色体，一个来自父亲的精子，另一个来自母亲的卵子。父亲或母亲的两个染色体如果只有一个这样的“等位基因”是“不正常”的，他们自己并不发病。这种携带“致病基因”、而本人又确实正常的人就被称为“携带者”。他们都有1/2的可能性把自己的这一“致病基因”传给他们的子女。这样，一个孩子得病的可能性便是1/4左右。

由于CF的基因已经克隆出来并研究得比较清楚，而发生“致病”变化也已经很明了：大多数病人的这个基因只有3个碱基与我们正常人不同。由于CF病现在还没有有效的治疗办法，防止这样的病人出生便成了一种无可指责的选择。基于对这一疾病相关基因的了解，现在已经能成功地对这一疾病进行“产前基因诊断”。即在母亲怀孕几个月后，抽取母亲的一点儿羊水（母亲的羊水中含有孕儿的细胞）或妊娠几周内取一小块来自绒毛膜的组织（这是一种发育自受精卵的组织并可以看成是胎儿的一部分），就可以提取胎儿的DNA，然后再进行“基因扩增”，便可以鉴定这一孕儿是否为CF的患者。如果是的话，如果父母“知情同意”，可以采取“人工流产”的措施终止妊娠。

“产前基因诊断”，特别是对“单基因经典遗传病”的产前基因诊断已被广泛接受。可是对它在伦理上的问题的争论从来没有结束。其反对意见主要是：这必然导致“基因歧视”。

“基因歧视”是指一个人由于基因上的可能“问题”，而在尊严、生活、就业、保险以及作为一个人的价值上受到歧视。如果我们接受人类文明的基础——生而平等，那么顺理成章——所有人的基因组都是一样正常的，而与疾病有关的一些存在形式只是人类基因组多态性的表现。疾病与基因之间的关系并没有提供人类任何不平等的科学依据，与“基因歧视”没有客观的联系。可是，如果产前诊断的目的是不让出生（即把病儿打掉），与杀掉一个病人在伦理上似乎是一样的。在伦理上为之辩护的唯一理由是：胎儿还不是生命（生命的“第五定义”）。

反对产前诊断及对遗传病胎儿实行“人工流产”的另一依据是对“疾病基因”的定义问题。迄今为止的研究已经证明，几乎所有“致病”的隐性基因都是人类生存所不可缺少的好基因。如久为人知的“镰刀型细胞贫血症”，它也是由于人类基因组中的一个基因（珠蛋白基因）的一个碱基发生了变化。这一变化导致了红细胞的形状从车轮状变成了镰刀形，降低了携带和运载氧气的能力而使病人患上贫血症。但已知这一基因与人类天然抗御疟疾的能力有关。在非洲，疟疾一年夺去几百万人的生命，一个一般家庭的1/3的收入用于与防治疟疾有关的支出。CF的致病基因，也被认为与疾病有关。

这就出现了一个“重要”的矛盾：一方面，人类的生存需要这些基因的“可能致病”的类型。一个人，也可以说一个“隐形致病基因”的携带者，和两个都为正常的类型的基因相比，具有对某些疾病的更强的

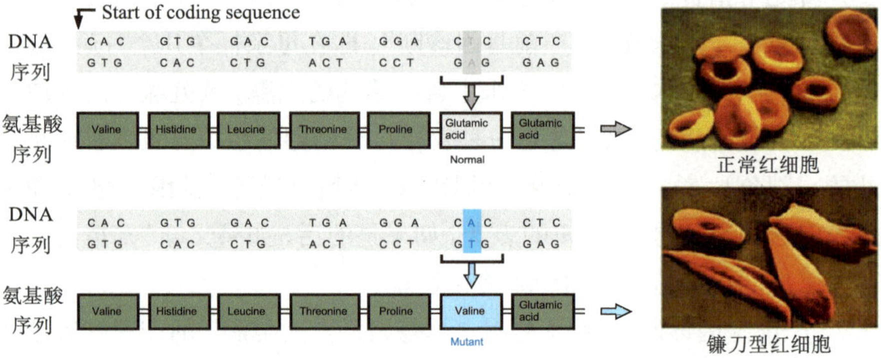

点突变：三十亿分之一的变化导致的“不幸”（镰刀型细胞贫血症）。

“抵抗力”，这是一个人类生存需要的好基因；另一方面，既然这种基因的“可能致病”的类型存在于人群中，就有一定的几率使一些人得病。正确的认识是——他们认为——这些病人是人类不可避免的苦难的承担者。正因为这样，遗传病人应该受到我们社会更多的关爱而不是歧视，也不是在出生之前就剥夺他们来到生命世界的权力。

那么，从社会的角度来讲，降低这些病人的出生率，难道不是一件好事吗？反对基因诊断的人认为，这在科学上是绝对错误的。理由是：把一种罕见的遗传病的发生率从1/1000降到1/2000，不知要使多少人不能出生。持这种观点的人还认为：关怀病人，尽可能减轻他们的痛苦；鼓励他们克服困难，让他们发挥人生的价值；支持家庭，使他们感觉到他们照样是伟大的父母而不应该有任何歉疚感，并给他们以实质性的支持才是最重要的。他们还进一步引申：如果病人要流产，势必把这些遗传病人看成是“不应该出生的人”。而在科学上，即使对100%的孕妇，对100%的遗传病，都能进行100%准确的产前诊断并实行100%的“人工流产”，遗传病患者（不管是什么遗传病）的出生都是不可避免的，也许按一定的几率，照样来到人间。越是出生“监视”严密，“出生许可证”的发放越严格，在这样的情况下，生下来的病人势必越受到歧视。

这种反对产前基因诊断的观点，受到了支持产前对遗传病进行诊断的人的全面批驳：

这是十足的虚伪！这样的病人本身在忍受平常人所没有的痛苦，而这些“正常人”还在“歌颂”病人的“功德”！“应该告诉病人，他们的这个基因就是不好的！”

这是十足的不现实！第一，这些病人自己不能享受人间的快乐！第二，他们的家庭负担不起精神与经济上的代价；第三，他们无疑是社会的累赘！“社会经济的发展，因为人口膨胀而被稀释”，这些病人不但在客观上没有创造任何财富，相反占用了资源。他们的存在，无疑是经济落后的原因之一。正因为这样，在一个国家宣布多少人生活在贫困线之下时，应该在前面加上“除了××万残疾人之外，还有××万人生活在贫困线之下”。

这是十足的不人道！即使已经明白这些病人一旦生下来便受一辈子

的罪，不要让他们来到这个世界上报到，无疑是帮助他们解除痛苦的最人道的方法！也是伦理学上的最小的“牺牲”。

笔者亲自听到三位科学家分别这样说过：“疾病基因组计划”的目的是保护正常的基因组，而不是保护“疾病基因组”；有些地区贫困的原因就是因为遗传病人太多；“基因歧视”是客观的，是有它的正面作用。我们要用基因的知识，劝告那些遗传病患者不要去找“那些”工作。强调就业上的遗传学平等是最不负责任、最不人道的！

第一位科学家慷慨激昂地把一个得了什么病的病人的基因组称为“疾病基因组”已使我惊讶！第二位科学家的坦然陈词使中央电视台的一个节目不得不重新制作！而第三位呢，是来自某一发展中国家的联合国教科文组织的“国际生命伦理委员会”的成员。

你对这三位科学家的高论有何高见？

这些争论太可怕啦！只要再迈出一步，便涉及政治与法律的问题，还是就此打住为好！

能不能在这“反对”与“支持”之间找到一个暂时的平衡点呢？

现在找到了！那只是基于“选择权”与“自由权”的推论：生孩子是父母的事，让他们去选择吧！既然生或不生可以选择，既然正常的胎生的流产可以接受，如果父母选择流产，就当他们流产的孩儿是一个正常儿吧！如果父母选择了生产病儿，让我们来帮助他们吧！

正在争论之时，一项新的技术——“着床前基因诊断”悄悄地在伦理上把时间从“胎儿”的流产提前到“受精卵”的着床。

“着床前基因诊断”是这么一回事：

为了提高“试管婴儿”的成功率，或为保证卵子在试管里受精最终的成功，一般的受精实验室都要做几十个（30～50个）体外授精的实验。也就是说，为了得到一个能发育成胎儿的受精卵，至少牺牲了几十个“具有发育成人的潜能”的卵子与精子（如果算上为受精而排出的精子，这一精心安排的实验当然牺牲了几万、几十万个生殖细胞）。

现在已经有了用单一的细胞来分析DNA进行基因诊断的技术，也就是基于体外扩增DNA的PCR技术，只需要一个细胞就能作出准确的诊断！

现在已经基本证明，在受精卵着床之前，只有几个十几个细胞时，用显微操作技术从这一“早期幼胚”上挖下一个细胞，由于这个时候的细胞还是“万能”细胞，少了一个，其他细胞照样能发育成一个正常的、健康的人，不会少腿缺胳膊，也不会耳聋眼睛瞎。

如果一对夫妇都已经用基因诊断确定为某一基因的“致病类型”的携带者，那么用男方的精子与女方的卵子结合生成的受精卵中，就可以挑选出一个健康的、据说患上这一遗传病的可能性极小的那一个，再植入女方的“床”就是啦！因为做四五十个受精卵的“基因诊断”不是难事，这四五十个受精卵中一定能挑出一个正常的来！

尽管对于“产前基因诊断”的伦理学争论还在喋喋不休地进行，“着床前诊断”已在“送子观音”的手里送出一个又一个健康的婴儿！因为这等于是从可能不好的受精卵中选择出健康的婴儿，这一技术因此也叫“选择婴儿”。2004年7月，英国人类生育与胚胎管理局（HFEA）已取消了关于“选择婴儿”的禁令，法律许可CF等遗传病携带者可以有“选择婴儿”的权利。

而没用上的那些受精卵，不管是正常的，还是不正常的，都将被“打浆”，全部毁掉。至今，这些生产“试管婴儿”的“送子观音”，也没有因“杀生”而被告上法庭——客观上毁灭受精卵或早期胚已被社会接受，而把伦理学上的讨论置若罔闻。

美国2003年5月8日公布了首次对国内冷冻人胚的清点结果，发现当时在美国各地生育诊所的冷冻库里竟然充塞了大约40万个冷冻的人胚，这一数字比早先的估计要高出数倍。

这一意想不到的超高数字，既是当时世界上最高的冷冻人胚纪录，也是美国蓬勃发展的“生育产业”的一个副产品。该产业的成功之道在于将最好的人胚用于生育，将次之的人胚冷藏起来。虽然大部分人胚是以备今后有夫妇需要它们，但专家们承认，很大一部分的人胚将永远不会被使用。

冷冻人胚数目如此之巨的事实，已经再度在科学家、神学家和父母们中掀起一场关于早期人胚的伦理道德地位的辩论，而这一讨论，直接关系到“人胚干细胞”的研究与应用。

第五代"试管婴儿"——"设计婴儿"

"试管婴儿"被认为是一种治病良方，确实令人赞叹！

把不能生育说成是一种病——"不育症"，然后让科学帮助，让这些人得到孩子——不管是不是真的是自己的孩子，然后就说治好了这种病——"不育症"。给你产品或结果，不问"生产"的过程，更没有真正治病。不知传统的或新潮的伦理学家与社会学家，以及科学界特别是医学界的专家们心里是什么滋味。

但"试管婴儿"真的开始治病救人啦！

现在普通老百姓都已知道，治疗血癌——白血病的最有效的方法是换骨髓——骨髓移植。

骨髓含大量的造血细胞。一个白血病患者的白细胞"坏了"，这些"坏了"的白细胞还被无休止地从骨髓里制造出来，就像失去控制而无限生长的其他癌细胞那样。现在除了少数的几种白血病外，大多数白血病（白血病有很多种）都没有治愈良方。最好的办法是把这些白细胞的种子——骨髓中的造血细胞都换成正常的。

正常造血细胞从哪里来呢？来自另一正常人。据世界骨髓捐助组织统计，全世界已有40个国家54处骨髓干细胞捐赠登记处，21个国家37处脐带血干细胞登记处。到2005年1月26日为止，全世界已登记的造血干细胞捐赠志愿者及已收集的脐带血共达9 558 299人（份）。

我国已经储藏了可供20多万人进行骨髓移植的"骨髓库"。当然，并不像"精子库"里那样真正储存的是精子，现在"骨髓库"里储藏的大多数只是愿意捐献的"志愿者"的遗传信息。而这些"志愿者"整装待命，一旦需要，医生就来抽取他们的骨髓。骨髓造血干细胞增殖得很快，不会有什么大的影响。现在医学发展，抽取外周血来分离干细胞已经开始。

需要骨髓移植的病人，要在绝对无菌，不会感染的专门的病房里，用特殊的方法将他（她）自己的骨髓中的细胞消灭殆尽，越干净越好！此时，任何感染都将会对这位病人是致命的。

但是，骨髓移植的成功与否最重要的还是决定于是否能够找到与HLA完全相匹配的供者。最好的供者无疑是双胞胎中的同卵双生子，因为他们的基因型是完全一样的。可惜，大多数人都不是“同卵双生”。有趣的是，这也成了“克隆人”支持者的最重要的理由之一。

父母与他们的孩子的“配型”有1/2的可能性是最好的。而一般的兄弟姐妹之间，则有1/4的可能性是最好的。因此，父母与兄弟姐妹是较为理想的捐献骨髓干细胞的“志愿者”。

“设计婴儿”——第五代“试管婴儿”就这样登场啦！

假设一个人（他自己还没有出生）的哥哥或姐姐得了白血病而需要骨髓移植。医生们在检查了他父母的身体后(他们父母的生育能力还很旺盛)，也许还要经过一定的法律、伦理审批程序，劝告他的父母再生一个“他（她）”。当然是一个“试管婴儿”——“设计婴儿”。

“设计婴儿”：生殖的美妙新世界。

很简单，与“选择婴儿”一样，四五十个试管里的受精卵开始分裂了，从每一个“胚”中取出一个细胞，然后进行“基因扩增”，再进行DNA分析，找出与HLA完全一样的那一个来“着床”。

“设计婴儿”在出生的时候便能担负起拯救他的哥哥或姐姐生命的任务——因为连接他（她）与母亲的脐带血中便有大量的造血干细胞。他的哥哥或姐姐的生命有了新的希望！如果再需要骨髓移植，等他长大一点，取他的骨髓就行了！

这可不是神话，也不是科幻！这是实实在在已经出现的事实。全世界已经公开报道的也已有好几例。奇怪的是，这一“设计婴儿”并没有得到伦理学界广泛的批评。差不多一年后才有了评论，并且对其的批评也是和风细雨的，甚至是“小批评，大帮忙”。

也许是“治病救命”的光芒太强了，以至于其他可能的伦理讨论都为之靠边！

这一讨论肯定会来临！我们也不妨试着从正反两个方面来讨论。

从正面来讲，这也许可以说是为了一个大家认可的至高无上原则——治病救人而觉得可以“付得起”的伦理学代价！以至于最坚决的反对者——他们心里肯定极为反对——伦理主义者也由于惧怕"见死不救"的责难而难以启齿批判！更主要的是"试管婴儿"使人生有了新的第二意义：生下来就不只是一个生命，而是两个生命；不仅是为自己，也为另一生命而生的更具伟大的双重"生命"意义的生命！

从反面来说，这实实在在是伦理上的特大滑坡！反对派认为这与"优生学"——一种选择"优秀"的婴儿的社会活动的理论已经非常接近！

对伦理学来说，"选择婴儿"的要害是生命的"双重"价值！一个人的出生与活着除了是自我以外，还承担着拯救另一生命的义务与"天定"的使命，这真是太沉重了！

在我们号召、鼓励大家捐献鲜血、骨髓或器官时，我们特别强调这是完全出于自愿，而不是出于来自任何方面的强迫！也就是说，不管从法律上、道义上、伦理上，不捐献的人是可以被接受的，至少可以被容忍。他的良心并没有受到来自任何内心或外部的谴责。

但是，假设我们的遗传信息都被搜集和公布，然后通知我们中的那些与等待移植者配型最为合适者：请注意，由于你们的"基因型"可以救人，请你们到医院报到！如果不去，就是自私透顶，就是见死不救。我们对此有何感想呢？

我们也许会有被亵渎的感觉：我们本来是出于人道的慷慨，现在我们的遗传基因竟使我们成了"不去即无良心"的一个群体！这也确实是伦理学家、法律学家保护遗传信息的隐私的理由之一。

而现在，这个出生完全是被"设计"的"人"来说的，他的出生使他失去了"选择"的权利，他只有一个选择，不管是否愿意，在另一人需要时就献出自己身体的一部分。

我们现在才明白，我们至今建立起来所有生命伦理学原则与共识，在科学创造的一个又一个"奇迹"面前是如此的软弱与苍白。可以说，我们从法律上、伦理上、社会与个人的规范上，甚至于公众与心理上，都没有做好足够的思想准备。

对于"克隆人"这个问题，我们是否也是同样的软弱无力？

"我是普通人——我是一个'试管'人"

20多年来，就在这样的吵吵闹闹中，一个又一个"试管儿"已被这五代技术迎来到了人世间！

"试管婴儿"的奇特，是他的生命的起点，不是在父亲与母亲拥抱时开始的，而是在科学仪器——那个"试管"——不管是玻璃的还是塑料的——人类对自然产品进行再加工的产物——科学仪器中开始的，不能不叫人吃惊。

多少人参与了通过"试管婴儿"对生育的干预？除了父母，除了传统的产科医生与助产士外，还有那些采集父亲的精子与母亲的卵子并在试管里结合、又把这一具有新的起点的生命在试管或培养基里哺育、再把它植入母亲的子宫中的那些医生或科学家或技术员的介入！也许还有参与"选择"、"设计"的人们！

"试管婴儿"既是自然的产物，又是人为——科学的产物！从试管婴儿开始，不管从伦理学、生物学的角度如何鉴定，人类已经通过科学，对人类本身的生殖进行全方位、多步骤的干预。路易丝·布朗，这一全球、全人类的首个"试管婴儿"，现在已经27周岁了！她活得很正常，活得很健康、很可爱，更值得庆幸的是，她和大家一样平静的生活。20岁时她有了自己的工作，安静害羞的她先在邮局找了份工作，后来又在一家托儿所里作助理，据说现在在一家船舶公司工作。2002年，一个偶然的机会，路易丝与一家银行的保安，一个帅气的小伙子韦斯利相识。韦斯利回忆说："初次在俱乐部见到她时，根本没想到她是'试管婴儿'，但这并不重要。"2004年9月4日，他们步入婚礼的殿堂，两人手牵手，站在神父面前，感人至深的誓言、闪亮的钻戒，把两颗相爱的心串在了一起！时光悄然流过2年。现在，路易丝已顺利生下了一个男孩，而且是"天然"的，不是"人为"的试管婴儿。而比她小几岁的妹妹纳塔莉，早在1999年便生下了女儿凯茜，也许是世界上第一个生孩子的试管婴儿。这也许能打消那些人关于试管婴儿不能生育的担心。

2002年的6月6日，世界首例"试管双胞胎"与他们的父母一道，在澳大利亚墨尔本的一家医院庆祝他们21岁生日。出席这一非同寻常的生日聚会的，有一位特殊的客人——创造他们或与他们父母一起创造他们的医生。这两个"试管双胞胎"是异卵双生的"龙凤胎"。男孩说，他在10岁时就知道自己是"试管婴儿"。他自己并没有什么"不自然"："我与同学和朋友们没有什么区别"，"我们像别的孩子一样过生日"。

澳大利亚至少已有3万个"试管婴儿"先后出生；英国每年有2.7万对夫妇接受试管授精，每年为英国带来8000多个宝宝。中国也有几万名"试管婴儿"。全世界目前至少已有150万个"试管婴儿"来到人间。

据不完全统计，全世界每六对夫妇中就有一对中的一方（或双方）患有"不育症"。而"试管婴儿"技术据说能让其中75%的"不育"夫妇怀上孩子。据说起初的成功率还不到5%，现在已达到了30%～50%，这个数字已经达到接近自然受孕的"成功"程度。

历史将如何评价"试管婴儿"之父——鲍勃·爱德华教授的功与过？他迄今还没有得到科学界的最高荣誉——诺贝尔奖。这又是什么原因呢？是他的研究工作对这个世界影响不够巨大？恐怕不是！是他的工作创造性不够？恐怕也不是！是因为伦理学之争论？不知道。

他自己会怎么想呢？

爱德华从1960年便开始研究生殖学，特别是体外授精技术。1969年，他在试管中培育出第一个人类的受精卵并发育成早期人胚。有人提出：他当时是否经过有关部门批准使用人类的精子、卵子以及受精卵与早期人胚做实验呢？也许连"申请报告"都没有写过。也许只有他自己那个医院的"伦理委员会"以使用"病人材料"的名义悄悄予以"通行"。

当时，他所需要的大批精子、卵子，据说是那些拥有与其他父母同样的生育权利，又因为各种自然与非自然的"不合理原因"而没有生育能力，想孩子想得发疯的父母们"自愿"捐献的。他不知毁灭了多少受精卵？

随后，他与帕特里克·斯台普托医生合作，从布朗夫人那里取得了卵子，与她的丈夫布朗先生的精子结合。如果说这还是可以接受的，他们把这一受精卵培养成的早期人胚移植到布朗夫人的子宫里，这是合情的，但毕竟不是合理（"伦理学"）与合法的。

路易丝终于把她幼小的脑袋从母亲的身体内挣脱出来！据说为布朗夫人剖腹产主刀的正是斯台普托医生。当时的新闻报告中只有对约翰·

布朗先生的报道：他在斯台普托夫人的陪伴下等候在医院里。护士来叫他去看刚出生的女儿，他喜极而泣，无法自制。他在医院上的墙上，狠狠地砸了一拳，才稍稍恢复冷静。他亲吻了在他身边的护士，又吻了一下斯台普托夫人，然后一下子冲出门外，跑下楼梯，向手术室狂奔过去。据说是爱德华和斯台普托把孩子 —— 这个世界上第一位人类创造的婴儿——人类与“造物主”一起创造的婴儿——送到他的怀里，他用颤抖的双手轻轻地接过，眼睛着魔似的紧盯着，差不多语无伦次，连呼“不可想像，不能相信”。

据说，当时在医院门口已聚集了很多新闻记者。那么，社会对此事件事先有无干预呢？

完全可以猜想，当时，爱德华似乎完全没有顾忌这一事件在程序上的合法化、在伦理上的可接受性，心里想的只是这不要是一个缺胳膊少腿的畸胎怪物。也许真的如后来报道的那样，心里想的只是“‘上帝’保佑孩子健康”。他担心，如果这一婴儿外表上有任何缺陷，他就会被口水淹没。路易丝的第一声哭叫，才使他惊魂方定。而主刀的斯台普托，那时刻一定更为紧张，幸好训练有素的他，双手没有或因激动或因紧张而发抖。

路易丝的健康生长，救了他们的命，也救了“试管婴儿”这一技术的命。但是，还没有等路易丝到八九十岁寿终正寝，甚至还没有等到她具有正常生育的年龄，一个又一个“试管婴儿”便在全世界、在千百双接生士的手中来到世界。人们似乎忘记了“试管婴儿”可能有的任何“风险”。也不知道，各个国家的管理机构是根据什么批准“试管婴儿”的推广的，也许从来没有正式批准过。

关于“试管婴儿”，我们就写到这里吧。

“试管婴儿”在医学、社会学、法律学、伦理学上，以及有关人的实验管理上，会给“克隆人”的讨论带来什么影响呢？

“试管婴儿”现在已被广泛接受，至今似乎没有受到太多的谴责，在伦理学上的辩护词也许是这样：这是为了一种人类的天性——人类天然需要孩子，传递生命，享受天伦之乐。这也是一种权利——生育权。于是，伦理学又不知不觉地开了一个先河：为了一种利益，我们是可以牺性具有生成个体潜能的生殖细胞如精子、卵子或者受精卵。如果说这是蕴含伦理学和道德上的一个滑坡，那就是一个大滑坡。也许在许多人的潜意识中，存在着这样的底线：只要伤害的不是个体的人（生命的"第六定义"）的生命，在伦理学上总是比较容易接受。

前面说过，医学也不知不觉地开了先河：治病，不一定是直接治好这一病患，可以像试管婴儿那样，给病人一个正常人可以有的"产品"。无形之中，这一"产品论"对"克隆人"的支持又提供了一个理由。

第四章

科学
把克隆从神话、科幻变为现实

“克隆”早在1903年就在英语词典上出现，这个词源于古希腊文中的“Kλow”，意为嫩枝。刚出现时，是指植物的嫁接或嫁接物。后来，“克隆”一词又被用到微生物上，指来自一个细菌（微生物）的在遗传学上相同的一堆细菌。DNA技术出现以后，由一个DNA分子复制的上百万个相同的DNA分子被称为“DNA克隆”。这个不算太新奇的词语因为1996年著名的“多莉”羊的问世而家喻户晓，风靡全球。

“克隆”的神话充满了无限的诱惑，但“克隆”的发展过程却一波三折、迷雾重重。

从神话开始

有人说，科学只是把神话与幻想变成现实。也有人说，科学总是从神话或幻想开始的。

如果我们把科学家的灵感归之于神话或幻想的启发，也许不全对，但也不是全不对。譬如说，机器人也可以从鲁班的“代匠工”或“换子归”中找到思路，从诸葛亮的“木牛流马”中找到影子。但我怎么也想不出来电子计算机在什么神话与科学幻想作品中出现过。

神话与幻想中却真的不乏克隆的影子。

据《圣经》言，夏娃是“造物主”用亚当身上的一根肋骨“创造”出来的，这可是地地道道的用动物（人类）的成体细胞“克隆”出一个个体的例子。

小时候的我，也同很多孩子一样，心目中最伟大的英雄是《西游记》中的孙大圣，而最为惊叹的不是他的“七十二般变化”，而是“大圣从身上拔下三根猴毛，放在手掌上轻轻吹上一口仙气，顷刻间便变成了一群小猴”。而电影的特技，又把这一“克隆”活灵活现地展现在我们眼前。这些小猴开始只有小蚂蚁那么大，但是见风便长，吹气便大，只见像气球吹气那样越变越大。一群活蹦乱跳的小猴子争先恐后地从大圣的手掌上跳跃落地，一个个模样酷似大圣，形同神似，难以分辨，把那个白骨精团团围住……《西游记》无疑是中国最早，也是最好、最准确的对“克隆”的描述，完全符合克隆的现代概念：来自成熟个体的体细胞（猴毛）的一群同样的个体。

科幻小说中的“克隆”

最早闪烁“克隆”光辉的西方小说也许是《美妙的新世界》（Brave New World）。这本书是英国作者奥尔德斯·列奥纳德·赫胥黎写的。让我们一起来欣赏这一半是神话故事，一半是科幻小说的描写吧：

《美妙的新世界》。

这真是一个“奇妙的新世界”。这个世界上的母亲已没有了“十月怀胎，一朝分娩”之苦，做爱完全是为了作乐。所有的孩子都是在伦敦的一个工厂的流水线上，以标准化、批量化、工业化的方式“生产”出来的。开始，据说基于对人类平等的“理念”，新有的孩子都具有同样的“基因组”与同样的能力。但这个“美妙”世界并不和谐，马上面临所有人谋求同样的发展机会所带来的不可解决的竞争问题。最终，根据“社会的需要”，通过“科学的调节”，培养出了α（天才），β（科学家、工程师、大学教授等），γ（一般工作者），δ（简单劳动者）与ε（低能儿）这样的不同阶层。这一等级森严的“阶层”是“命中注定”的，在出生前就已经设计好了的。这样的世界，不需要文化，唯一一本莎士比亚的作品是在废纸堆里发现的，也没有了文化带来的所有麻烦，其“美妙”程度便可想而知啦！

《美妙的新世界》在人文思想和科学方面都产生了很大的反响，现在已经出足57版。这样大的发行量，除了作者的才华外，与他的出身不无关系。他的爷爷是卓有成就的生物学家托马斯·亨利·赫胥黎，和著名的诗人马太·阿诺德也有血缘关系。老赫胥黎是达尔文《进化论》思想的积极辩护者，那位狂妄自大，即使做“猴子的后代”也不以为耻的生物学家。小赫胥黎大概是在他祖父那滔滔不绝、口若悬河的辩论氛围中长大的，因而具有相当丰富的生物学知识。在《美妙的新世界》中，许多美妙的设想都具有十分充足的生物学依据，而且也不乏对生命的激情。

“世纪之辨”：人是猴子的克隆？

一本吃了官司的“克隆人”小说

首开先河，讲述“人的克隆”的小说是1978年出版的报道文学式的小说《他的影像——人的克隆》。有趣的是，作者大卫·罗文克还因此吃了官司，赔了金钱。

罗文克是一位很有名气的作家。他曾经是享誉全球的新闻杂志《时代》周刊与影响世界的著名报纸《纽约时报》的医学专栏记者。他的报道具有广泛认可的可信度。而此书的出版商也是影响很大的医学教科书的出版者——Lippincott出版公司。

罗文克以他特有的、使读者身临其境的记者笔调，以第一人称的手法，叙述了一件他的亲身经历。在1973年的某天他接到了一位美国的百万富翁麦克斯的电话。麦克斯述说了自己一生最大的愿望：为了解决他的巨大财产的继承问题，希望罗文克能帮助他找到合适的科学家来克隆他自己，因为他读过罗文克的很多有关生物技术的报道。他至少可以出资100万美元。罗文克答应了他的要求，以他作为科技作家的身份以及与科学界的广泛交往与密切关系，真的为麦克斯物色到了合适的人才。

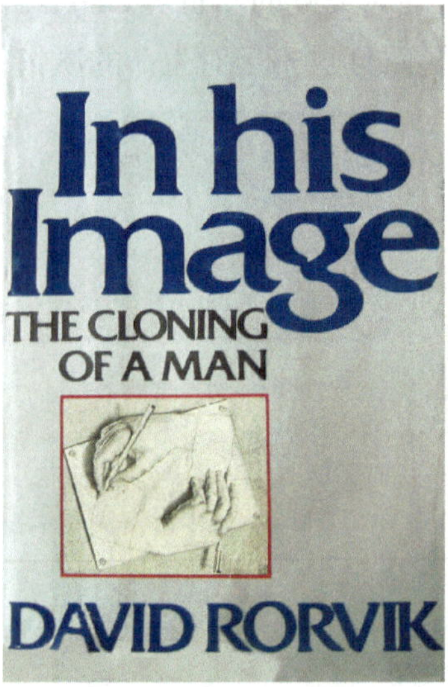

《他的影像——人的克隆》。

这些科学家飞到夏威夷之外的一个无名小岛上，建立了一个"克隆人"实验室。他们经过5年的努力，终于将麦克斯的皮肤细胞核，移植到另一个"去核卵"中，并移植到另一个妇女的子宫里。经过九个月的护理，第一个"克隆人"呱呱落地。罗文克说他还见到过这位"克隆人"，长得很健康、活泼可爱。

罗文克所写一书还没有上市，《纽约邮报》便抢了消息，于1978年3月3日在头版刊载了第一位"克隆人"出生的新闻。次日，报纸及其他新闻媒体都作了转载。于是，全美舆论哗然。

很多科学家对此非常警觉。他们从技术角度怀疑这一新闻的可信度，就像2003年圣诞节人们对第一位"克隆人"——夏娃的"克隆"身份真假表示怀疑一样。他们认为，在那时，即使水平最高的实验室与最优秀的科学家也不可能克隆一个人。当读到这本书时，他们的怀疑更加重了，认为罗文克完全是造谣惑众。罗文克描述的那个若有其事、活灵活现的过程只不过是在20世纪60年代克隆青蛙的工作上添油加醋，"完全无视两栖动物与哺乳动物（人）之间的巨大差别"。

伦理学界顿时由于罗文克的书的畅销而将"克隆人"的讨论急剧升温。几个月后，Lippincott出版公司与罗文克居然都被告上了法庭。原告是一位英国科学家Derek Bromhall。罗文克在书中曾广征博引，来助证"克隆人"是可以成功的，里面也包括了Bromhall的一些话。

接受这一案子的法庭要罗文克提供这一“克隆人”出生的确凿证据。此时，罗文克再说这是杜撰的小说已无济于事，当然也没有出示任何证物。法庭判定此书“纯粹伪造与杜撰”。1982年，Lippincott答应赔偿Bromhall的损失。

罗文克“杜撰”“克隆人”的动机为何？没人知道。如果是为了赚钱的话，真是“赔了夫人又折兵”，当然可能还是赚多亏少。他是不是有先见之明，来呼吁社会与伦理界对“克隆人”的注意呢？

不管如何，当我们重读《他的影像——人的克隆》时，我们不得不佩服，这位资深记者的描述，至少与克隆“多莉”的技术流程相差不远。

除了《他的影像——人的克隆》外，我们读过的另一本写得不错的科幻小说是《第三个双生子》(1996年)。此书描述的是科学家Jeanie Ferrari在研究双生子时，发现在冷战时期，竟有人建造了专门的实验室来“克隆”人类。书中情节生动，曲折离奇。但“克隆”的技术类似于20世纪80年代克隆牛的“胚胎隔裂”技术，而不是真正的克隆“多莉”的“核移植”技术。

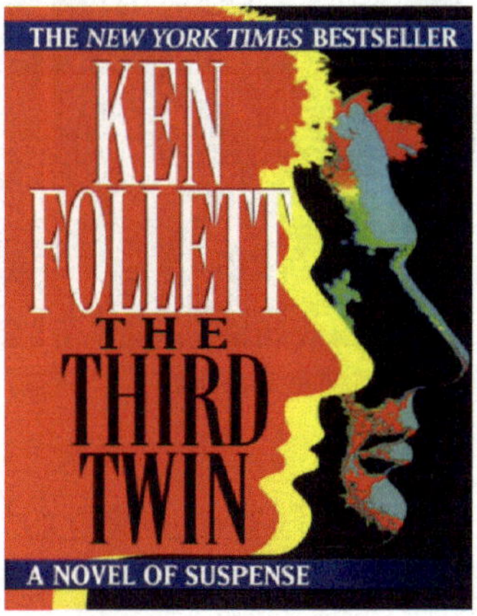

《第三个双生子》。

好莱坞电影中的“克隆人”

近百年前，在干燥荒凉、尘土飞扬的美国西部的洛杉矶城的西北部，建立了一座又一座摄影棚。也不知是什么“风水”，使这一不毛之地成了全球最大的电影生产基地。也不知是什么“缘分”，使来自全球的电影精英汇集此处。

尽管好莱坞电影参差不一，但其中的科幻影片，一直从某个侧面、某个角度，反映了对科学的遐想以及科学对社会今天与明天的冲击。

且不说用在琥珀中那沉睡了几千万年的恐龙有核血细胞“克隆”的那些大大小小、神龙活现的恐龙们，也不管《侏罗纪公园》、《失落的世界》跨过了几千万年的进化距离，把恐龙与人类放在同一地方带来的令人窒息的惊险场面，那非凡的想像力，入胜的高科技，配以名演员的高超演技，把生物技术可能创造的一个“新”世界活灵活现地展现在我们眼前。“克隆人”的“光辉形象”，也是首先在好莱坞的电影舞台上与世人见面的。

《侏罗纪公园》。

《失落的世界》。

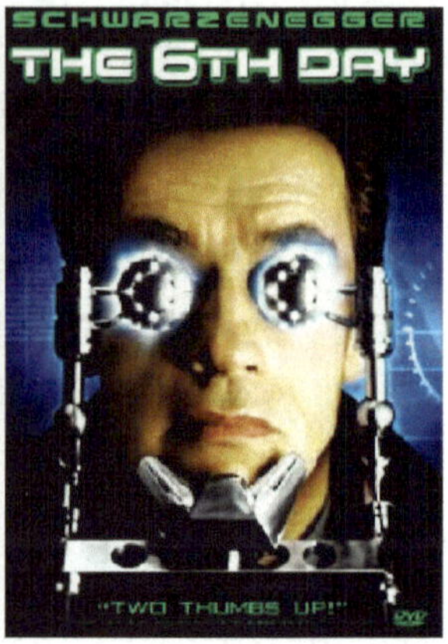

《第六日》。

在中国曾经上映过的好莱坞电影《第六日》真可以说是“克隆人”大片。施瓦辛格把两个“克隆人”扮演得惟妙惟肖。以至于看完了电影，还有不少观众搞不清楚哪个是“天”生的“自然人”，哪一个是“人”生的“克隆人”。

而在另一好莱坞的“克隆片”——《MULTIPLICITY》(1996年)中的“克隆人”却开始有人性味了。现代的夫妻都忙得不亦乐乎！于是，丈夫偷偷地“克隆”了一个自己。然后让“克隆人”去工作，而自己在同一时间呆在家里相妻教子。但是没过几天，又像洗衣机、电饭煲使人们更加忙碌一样，他还是忙得不亦乐乎，只得又“克隆”了一个自己。开始，这些“克隆人”规规矩矩，不越雷池半步，但是后来也学会了偷懒，居然也具备了七情六欲，竟然趁他不在时闯进了他的夫妇卧室，还偷偷再去“克隆”同类以便为自己分担工作。最后，还克隆出了一个白痴。我至今已回忆不起电影结尾是如何“处置”这些“克隆人”的，反正他们是“人类的替身与工具”。但要把他们“处置”似乎就不那么容易啦！

好莱坞的另一大片《GATTACA》给我们描绘了另外一个世界：

这又是一个美妙的新世界！在这里，所有的孩子，都是“科学的孩子”，他们的基因都是经过科学家最“科学”的鉴定与父母最精心的选择，人类因为这样的好基因而永远与病痛告别！但是，由于“一小撮”父母的不负责任或其他不幸的原因，还是偶然会有“‘上帝’的孩子”问世。在这些孩子出生时，那些先进的仪器马上就根据他们的基因组做出所有必要的预测：多大几率，在多大年纪，患上什么疾病。这些“‘上帝’的孩子”只有两种选择：要么接受已有基因决定的一生的命运；要么一生都要与基因决定的命运抗争。电影中的主人公—— 一个“‘上帝’的孩子”偏偏要选择做宇航员。于是，故事就按好莱坞的套路展开了……

这部电影尽管不是直接讲“克隆”，可是当我到书店去打听它有无小说脚本时，那位热情而负责的黑人小姐告诉我这部电影是根据《美妙的新世界》改编的——还是与克隆有关。更有意思的是，尽管《GATTACA》的票房价值不一定最高，却得到《自然》、《科学》这些世界一流的科学杂志的一致赞扬。

《MULTIPLICITY》。

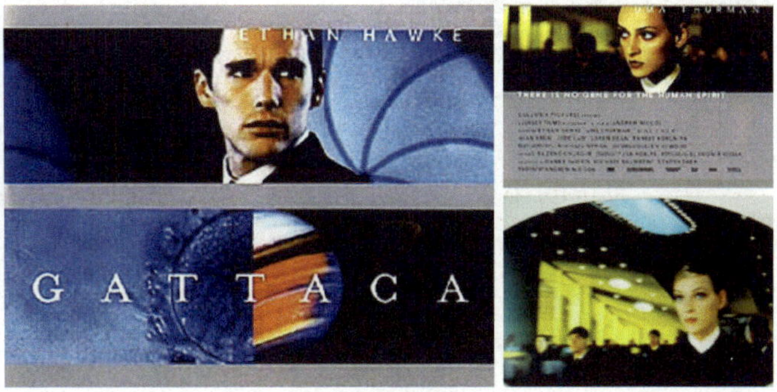

《GATTACA》。

在我所看过的电影中，对“克隆人”描写得最好的还是《Boys from Brazil》（从巴西来的孩子），中文译名是《纳粹幽灵》。它是在1978年根据1976年的同名小说改编的，导演是Franklin Schaffner，影片无论是在情节上、伦理上，还是科学上都属上乘。

纳粹医生 Josef Mengele 在希特勒死前便取下了他的活组织、活细胞，并且克隆了十几个小希特勒。他深谙遗传之道，清楚地知道单有希特勒的“基因型”还是不够的，还要让这些孩子在与希特勒相同的环境下生长，才能得到希特勒的“表现型”。于是，他把这十几个孩子从巴西送到遍布全世界的十几个家庭。这些家庭的境况与氛围、父母的年龄、职业、脾气与希特勒小时候的生长环境近乎相同。

关键的时候到了！希特勒是在14岁时失去父亲的，这对他的一生影响极大。Mengele 与他的纳粹团伙便开始一家一家地杀死这些“小希特勒”的父亲。“纳粹猎手”Ezra Lieberman 便是从这里入手，发现了这一“克隆希特勒”的阴谋。

《从巴西来的孩子》。

这一影片的最后，也最感人的镜头是 Lieberman 忍受病痛，在病床上抬起他颤抖的双手，用打火机烧掉了那份他差不多用生命换来的“小希特勒”名单——“他们不是希特勒！”

在我们今天讨论“克隆人”的伦理问题时，我们还是不要忘记了《从巴西来的孩子》对第二次世界大战的提示。Mengele 确有其人，当1978年这部影片上映时他还住在巴西的圣保罗，一年后才去世。中文译名在这一点上，似乎有很好的体现。

迄今为止的小说、电影中对“克隆人”的描写差不多都是负面的。坏人、坏动机才会“克隆人”，“克隆人”也大多是坏人，与其他恶魔一样给人类带来了灾难。也正因为这样，“克隆人”的支持者无不对这些好莱坞电影恨得咬牙切齿，“全是好莱坞毁掉了‘克隆人’的印象”，认为对“克隆人”的广泛反对与好莱坞电影“不无关系”。

请放心，好莱坞一定会很快拍出善良、美丽、成为人类好朋友（原来就是人！）的“克隆人”！也许《第六日》中的那个施瓦辛格的“克隆”，还是“克隆”的施瓦辛格，就是好“克隆人”第一个印象！

从科学上，倒是1978年问世的小说《他的影像——人的克隆》与电影《从巴西来的孩子》是最认真的。看样子，记者与导演对遗传学的了解，对是与非的认识，对生命伦理学的考虑，都反映在他们的小说与电影里，给了我们很好的启示。

人工育种——“克隆”的先声

从技术上来说，克隆也许可以说是从人工育种开始的。

人类文明落地的第一声啼哭，也许是对自然界的赞美诗——人类是自然界的产物，又一个新成员前来报到。而人类的第二声啼哭，也许是对自然界的挑战书——人类不满意于现有的自然界。到了今天，人类才更认真地考虑重新建立文明与自然界的全面和谐。

今天，家畜牛、羊、马、猪、驴、狗等，其来源应该说是“自然”的，但是对他们的选择却完全是为人所为、为人所用的。就拿一头母牛为例，面对我们的祖先几千年来的对其所为，我们也许会产生完全不同的两种感受：

一方面，我们会想到人类的伟大：原先，一切物种都是按照“造物主”的旨意来创造和选择，但是，我们的祖先不断地与“造物主”讨价还价，最终感动并说服了她，因而她给予了我们人类对植物与家畜人为选择的权利，当然是基于自然给予人类的创造性的大脑。

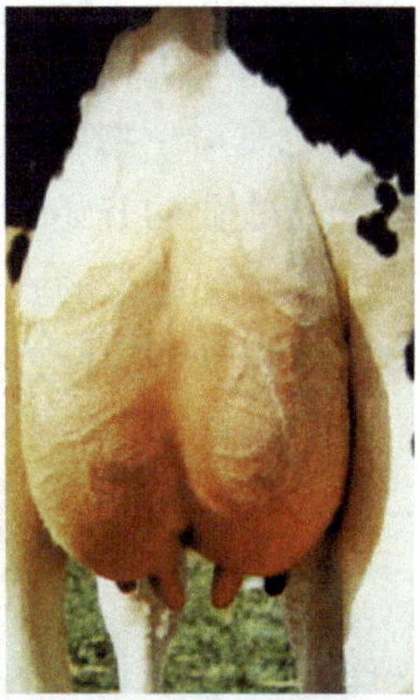

奶牛：过分的“修改”？

另一方面，我们不禁想到人类的残忍：因为今天对一头牛的选择已不是自然意义上的选择了——她吃下的是草，挤出的奶却完全是为了人类那些“半乳糖苷酶”基因未曾关闭的“突变体”！她携带着的巨大的、与全身比例极不相称的充满乳汁的奶袋，使她基本失去了与天敌——如狮子这样的食肉动物对抗的能力。更为残酷的是，人类为了选择乳汁产量高的牛，迫使她“近交”或被圈养，导致她对疾病的抵抗能力逐渐衰弱甚至失去，与她自己的祖先相比，她完全成了弱不禁风的牛妹妹。

人类告诉牛：不要紧，我们来保护你，我们把你放进最干净的牛棚里，不让任何病害接近你！也许这是我们的祖先与"造物主"讨价还价时所立下的一个契约，"造物主"说：我创造的生灵，我有能力、有责任来保护她们。

我们的祖先回答"造物主"说：我改造的生灵，我有责任、也有能力来保护她们。

今天，并没有人责备我们的祖先或者我们自己是否真的如同"造物主"那样对所培育的物种进行了悉心保护。是否也创造了"造物主"设计的生物链，使能量进行有序的循环，又让生物相互制约，形成了一个和谐的生物圈，使所有生物各得其所，相互依赖，相互竞争，争芳斗艳。"疯牛病"的流行，在差不多毁掉了英国整个养牛业的同时，也在人们心目中毁掉了对科学家的信任，这是后来的事。但有意思的是，它给人们提出了这样一个问题：人类要造"人"，谁来照料"人"造的"人"呢？

我们不妨看看，从动物、植物那里可以得到什么启发？

人类对植物的"家种"与动物的驯养，是伴随着这个星球上文明的曙光，于1万多年前来到这个星球上的，这可以说是人类对生物的多样性，也是对生物生殖的第一次干预。

畜牧业的开始，也许开始于人类在缺少食物的同时，偶然出现了"过剩"，如猎取的野猪一下子吃不完，就不急着宰杀而暂时"圈养"起来。人们发现，不仅喂养这些野猪一些树叶、干草之类的植物它们就可

（河姆渡遗址发现的陶猪及绘图）
家猪：人类对动物生殖的干预。

以生存下来，而且公猪、母猪居然还能交配、生殖，这比每天要狩猎至少容易多了。畜牧业就这样开始啦！我们中华民族的祖先，至少在8000年至10 000年以前，便已把野猪驯化成家猪。以至于现在世界上的家猪品种，基本上都会有中国猪的血统——基因。

农业（种植业）的开始也是这样。人类的祖先也许偶然地发现，原先囤积的谷物——从野地上采集的稻谷，居然在受潮后可以发芽！也许是偶然的发现，把这些谷子撒到地里又长出了庄稼，可以收获更多的谷子！我们中华民族的祖先，在10 000年前，至少在浙江的河姆渡等处，便已开始大规模地种植水稻。

水稻：人类对植物生殖的干预。

人类祖先当然不满足于简单地驯养和种植，他们开始根据人类的需要加以选择。他们已经发现那些株粗叶大的水稻植株产量较高，于是就开始“选种”。他们发现黄豆的豆荚在成熟时会开裂而将豆子弹射出去，收获无几，于是“选”出了豆荚在成熟时仍能保持豆子不脱落的“农艺性状”，才使黄豆成为重要的油料作物与人类蛋白质来源，以至于豆腐成了中国的“国菜”。

“农艺性状”：对谁有利？为豆子，还是为人类？

生物的多样性为人类的“选择”提供了宝贵的自然资源。玉米是当年居住在南美洲的人类祖先首先发现并开始种植的。玉米植株健壮，不会倒伏，根系发达，不怕干旱。但是，野生的玉米只有几颗玉米粒，而且外包厚厚的种皮，去除困难。经过几千年的“人工选择”，现在的玉米棒上有几百颗玉米粒，而且种皮很薄，至少给家畜做饲料已不用脱皮。

从少到多：玉米的选育。

人类的另一重要粮食——小麦，原来的产量很低，而且植株很高。大自然的明媚阳光带给它的能量，大部分用于长麦秆。从18世纪的油画可以看出，那时的小麦差不多有人那么高。而现在的小麦呢？还不到人类身高的一半！

成熟期的一致对于农民的收获是非常重要的。如果一串稻穗已成熟，而别的还是绿油油的等待“灌浆”，那么农民只能一粒一粒地去捡起那成熟的谷粒啦！现在，小麦、水稻、玉米这些禾本科的粮食作物真是奇迹：

由高到低：麦子的选育。

成万上亿的植株、成十上百的谷粒，差不多是“一、二、三”同时同刻成熟的！

而茄科的西红柿的机械化采摘更加奇妙！本来，一个一个的西红柿可不会“同步”成熟！农民只好在等待西红柿成熟时，一颗一颗地去检查，一个一个地去采摘。现在呢，从顶部到下部，所有的西红柿差不多是在同一时间成熟的，这样便有了机械化收获的可能性。

同步成熟：可机械化同时采摘的西红柿。

很多植物是“雌雄同株”的，但也有一些植物是“雌雄异株”的。无疑后者有更多的选择，我们的祖先从中得到了启发。

几百年前人们发现，可以收集一株玉米顶上的雄花（雄性生殖器官），再撒在另一株玉米的侧面的花蕊（雌性生殖器官）上。植物不同株系的“杂交”就这样开始了。这也许是人类干预植物生殖的真正开始。也正是从此开始，人类开始扮演“造物主”的角色，或者可以说是与“造物主”一起创造、管理这个生命世界。

人工授粉：植物的人工“授精”？

似乎我们大家都认同植物也是生命，但是，如前所述：我们人类对于同为生命的植物与动物的感情是不公平的。不知是什么原因，植物的“生命价值”从来没有像动物，特别是哺乳动物那么重要。也正因为这样，对植物的改造简直是肆无忌惮。即使最珍惜生命的“素食主义者”，他们认为杀戮动物是“杀生”，但却牺牲成千上万的同样为生命的植物，唯一的解释大概是亲缘关系的远近，近则亲，惺惺相惜；远则疏，生死不问。

人类观察到了，有性生殖的高等植物居然很好地保持了无性生殖！如柳树和好多花卉，用它们的一根枝条，插到地里浇上水肥，就可以长出一颗与原先差不多一模一样的婀娜多姿的柳树或五彩缤纷的花卉。实际上，我们也经常看到"老树嫩芽"——在老树的树干上长出完整的新枝。植物成熟个体（植株）的体细胞，尽管与开始生命的种子已大不一样，已高度分化成枝叶，但还可以返老还童，从衰老的树干上长出嫩枝。在我的家乡，桂花树给整个村庄带来了芬芳。我家后院里有一棵桂花树，得到了全村的保护。一颗桂花种子长成一棵大树，不知要等多少年！也不知如何才能成功地得到桂花树的种子。人们从一棵老桂花树上选定一个嫩枝，剥去一圈树皮，绑上一块泥巴，外面再包上树叶。过不了多久，这个嫩枝居然长出了根须，把这根嫩枝连根带土切下来，种到另外一块地里，过不了多久，一棵新的桂花树便长成了！

这就是植物克隆的开始！显然，成年植株的体细胞，含有长成一棵新的植株的"全能性"，高度分化的枝叶还有"可逆性"，而不需要"授精"这一有性生殖不可逾越的步骤。

对植物生殖的另一干预是"嫁接"。把一块来自优良品种的橘子的组织块——砧木，插到另一棵不那么好(不结果或产量很低或品质不好)的橘子树的主干上，这片外来的"砧木"，不仅能与原来那棵树"融于一体"，吸收了原来那棵树的营养，而且还以自己的基因组"改变"了原来那棵树的部分特性。不仅果实累累，而且味道甘甜。这种"嫁接"的技术，给我们带来了水果丰硕。

认识了植物细胞的"全能性"，人类便开始了植物细胞的克隆。

科学家首先是用萝卜开始人工培养的。本来，成熟的萝卜也是可以重新发芽的。科学家为萝卜配制了含有各种成分的营养液。这可不是简单的事，萝卜不会告诉我们它喜欢吃什么、喝什么。反正人类从来不怜悯植物的死亡，或者不会因为植物被弄死而有"杀生"的歉疚之感。

这一实验是美国康奈尔大学的植物生理学家斯图尔德（F. C. Steward）做的。他从一个漂亮的胡萝卜的根部取出一个细胞，培养出了一个新的、与"胡妈妈"遗传基因几乎相同的"胡小子"，这个不同凡响的"胡小子"在1958年破土而出，表明植物的体细胞真是全能的！成熟的胡萝卜的一个体细胞照样具备发育成一个植株的全部遗传信息。

克隆：从胡萝卜开始？

植物的体细胞可以培养，那么花粉这样的“生殖细胞”能不能培养呢？经过多年的摸索，也成功啦！用差不多相同的方法，科学家们居然可以培养植物的花粉啦！这是一个了不起的飞跃！

花粉与动物的生殖细胞一样，仅含有一套染色体的基因组。长出来的植株幼小纤细，不可能产生种子。人们又想出一个办法，叫“染色体加倍”。科学家使用一种化学药品，它是从一种叫做“秋水仙花”的植物中发现的。它有一种奇特的本领，使细胞的染色体不能被一种叫“纺锤丝”的东西拉开，但是不妨碍细胞的生长。这样，一个细胞就有了两套或两套以上的复制好的染色体。用这一技术，不仅使“单倍体”的生殖细胞变成了“二倍体”，而且得到的“二倍体”是一样的。不像有性生殖的受精细胞（受精卵）那样，每一对染色体一个来自妈妈，另一个来自爸爸。这样的“单倍体”经“染色体加倍”培养的植株同正常的一样健壮，在遗传上是地地道道的“纯系”，是用来育种的好材料。这样才有了四倍体的无籽西瓜、草莓等水果。

可以说，人类对植物肆无忌惮地干预，至少应部分“归功”于对植物的任意处置不用承担“伦理”上的责任。植物的克隆的一切成功和进步，也许只是由于人类从来没有像对待动物那样认真地对待过植物，更别说植物细胞了。它应归功于无数科学家无数次地实验，尽管成功者由于他们的成果被接受而备受推崇，同样数目甚至更多的失败者则在默默无闻中销声匿迹。克隆成为植物育种学家手里的得力工具。今天琳琅满目、甘甜美味的水果，新鲜丰富的各种蔬菜，以及万紫千红的花卉和五花八门的其他植物，其育种过程恐怕大多涉及与克隆有关的技术。

但是，这样的育种也带来了生物多样性的丧失，大面积种植带来了生态被破坏的恶果。这是现代农业的另一问题。

让我们看一看一个原始的生态系—— 譬如说，在草原上，各种不同的花、草、树、木组成了一个相互依赖、争芬斗艳的相对合理的自然生态。在原始森林，各种树干组成了参差有序、合作有方的群体。可是现代的植株育种，由于人类对自身食物或其他利益的追求，在一块很大面积的土地上，种植了一模一样的农作物。于是，病来了，虫也多了，还有那些已经看到的没有规律的生态问题也出来了。且不谈农药与化肥的危害，这是自然对人类干预的一种报复。这使人们想到，如果动物也这样千篇一律，自然报复的规模与程度是不可与植物同日而语的！相当规模的动物圈养，已经有了与植物的"多样性"丧失更为严重的问题，这也是现在有人反对转基因作物的理由之一。

是啊！假设人类都那样千人一面，如果出现新的病原体，那可是灭顶之灾啊！疯牛病就是个例子：人工育种的良种牛，没有一头具有天然免疫力。

不管如何，植物"克隆"的成功，也使在动物身上进行同样的工作成为不可抵御的诱惑。以至于我们平常说到"克隆"时，不言而喻是指更有挑战性的动物克隆。

"细胞克隆"——魔鬼的影子

细胞在体外人工培养并增殖是克隆动物成功的早期关键技术之一。

动物的"细胞克隆"是动物"个体克隆"的先声。它与其他相关的技术一道，为人类开辟认识自然、认识生命、探索生命奥妙的新路。

人们在很早之前便开始了微生物的人工培养，并得益于微生物的培养。今天我们烹饪菜肴使用的味精，就是从小瓶子、大罐里培养的一种细菌中得到的。这种细菌之所以能生产味精，也是像选择优良品种那样，是经过反复筛选“诱变”才培育出来的。它们合成味精（谷氨酸）的能力与产量，是原先那种细菌的几千倍。

结核病曾经夺去了成千上万个人的生命。结核杆菌的克星——青霉素，就是我们在小瓶子、大罐里培养出的一种微生物的产物。这种微生物是在一次偶然的实验中发现的。之后经过反复的选育，才得到青霉素产量很高的菌株。这位科学家的名字叫弗莱明。青霉素的发现不仅拯救了成万上亿人的生命，而其本身也成了科学发现的一个经典范例。

大自然给予我们的一些启示和微生物的培养成功，又使科学家产生了新的联想——能不能将高等哺乳动物和人的细胞也像微生物那样在玻璃瓶里培养、在大罐子里生产呢?

如果我们能培养大量人的正常的白细胞，就可以挽救一些白血病人的生命，因为他们的骨髓不能再产生正常白细胞，或者母细胞不能正常分化发育。如果我们能在体外培养人体内产生胰岛素的人体胰岛细胞，不是就可以在实验室里生产治疗糖尿病的胰岛素吗?

这一连串的假想和艰苦的尝试是从在体外（试管或培养皿中）培养人类外周血有核细胞开始的。

人类与其他高等动物的细胞与整个个体的其他系统、其他器官的其他类型的细胞已形成了相依与共的关系，离开个体就不能生长。在这一点上不同于植物细胞。要让它们较长时间地在体外进行良好增殖不是一件简单的事情。首先要给它们提供一个与在体内生长相似的环境，同时不让它们受原先生长调控机制的控制；其次需要一种在体外生长的刺激物。只有这些条件都同时具备了，我们才能在人为的环境里培养哺乳动物的细胞。

一个细胞只要有细胞核，就有分裂、增殖的可能性。哺乳动物的红细胞没有细胞核，因此是不可能在体外进行培养增殖的。看样子，寻找“刺激物”是体外培养哺乳动物的关键。

成功了！经过多次试验，科学家在一种豆子里提取出了一种细胞“刺激素”。在这种“刺激素”的刺激下，培养人类白细胞首先获得成功，可以培养好几天、好几代！

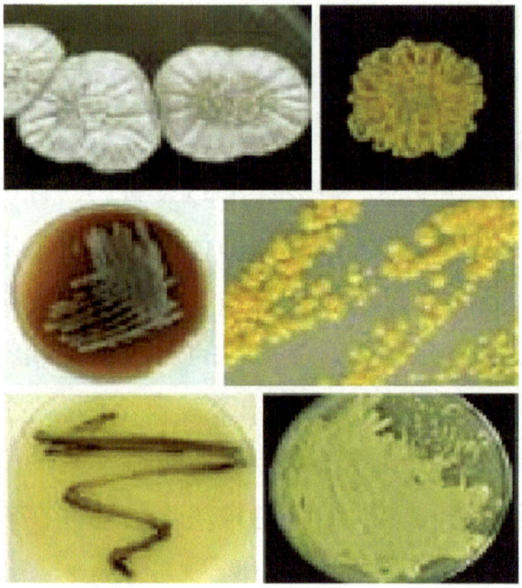
菌落：细菌的"克隆"！

在此以后，又获得了一些实验的成功，如将手术中或者病理活检时取下的一小块人体皮肤，使用人工营养液也可以使它们在玻璃瓶子中长出新的皮肤细胞，这一技术称作"细胞的原代培养"。新生长出来的细胞，都具有与其"亲代细胞"相似的遗传物质，所以也被叫做"细胞的克隆"。

当然，在体外细胞培养时除了需要营养液与刺激物外（有的细胞也许不需要），还要考虑别的因素，如给它们换气以提供"呼吸"的条件，还要注意培养液不能太酸或者太碱。现在，科学家能在体外培养很多种细胞，获得这些细胞"克隆"。

这样的细胞培养还不是"永久"的。现在也有了这样的两项技术：一种叫"长期培养"，人类的T细胞（白细胞的一种）在一定浓度的一种叫"白介素"的培养液中，就可以无限地分裂；另一种是"永久转化"，把人类的白细胞以EB病毒"转化"，也可以无限期地生长，而且基本上保持原先的遗传特性。

既然有了细胞培养技术，科学家就开始了各种各样的细胞"游戏"。将那些不能在人体内进行的实验搬到体外进行。譬如，放射线的辐射效应对人体的致癌作用；各种化学毒素对不同细胞、组织的损伤作用；各种细胞对新药的反应；等等。培养细胞——细胞克隆——为人类作出了极大的牺牲与贡献！

细胞冷冻——走向"永生"

人们很久以前就发现，低温使生命活动缓慢甚至停止。北极熊（哺乳动物）与很多种蛇（爬行动物）都会在冬天时进入"冬眠"状态，代谢水平大大降低，但是不会被冻死，到了春天又会苏醒过来，又恢复了勃勃生机。尽管现在对熊与蛇的冬眠机制相同还是不同还不得而知。

低温：生物到底是死是活？

科学家在培养细胞时，当然也希望把暂时不用的细胞冻存起来。但是，细胞到了零下的温度，培养液便结冰了，都死亡了。

甘油与二甲亚砜（DMSO）等防冻剂的发现，使科学家实现了冻存细胞的梦想。现在，人工培养的所有动物或植物细胞，很多动物的精子、卵子，甚至于受精卵或早期胚，都可以冷冻。将这些细胞放在含有一定浓度的“防冻剂”的溶液中，装到小管里然后再慢慢降低温度，最后放到零下135℃的冰箱或零下196℃的液氮罐中，可以长期保存而不会死亡。几天、几个月，甚至几年、几十年都没有问题。而使用时，把存有细胞的小管放在热水中让细胞复甦便可以了！美国的一个组织——“永生”协会的成员都打算把自己的尸体冷冻起来，存放几十年几百年再“复活”。到那时，也许大多今天的疑难病症已经有灵丹妙药医治了。

细胞克隆与细胞冷冻技术，奠定了动物克隆的技术基础。当然还有很多别的技术，特别是体外授精与早期胚培养技术、人工调节经期与超排卵技术，以及人工植床技术，都是动物克隆所不可缺少的。

细胞杂交——又一个魔鬼

一说到杂交，我们首先想到的是骡子。本来，自然界对物种进行了不可逾越的种间隔离，来保持物种的稳定，才有“龙生龙，凤生凤”之说。其中，最重要的是“生殖隔离”，马只能与马进行交配，驴只能与驴进行交配，才能生下小马或小驴。马与驴可以生下骡子，差不多是一个例外。“造物主”给它套上了绞索：骡子不会生小骡子。到此为止，不准再越雷池半步。

一些科学家用培养的细胞真的做出了惊世骇俗的实验！他们把人的细胞和小老鼠的细胞"杂交"起来，产生了"人鼠杂交细胞"。科学家找到了细胞"融合"（杂交）的"媒人"。第一种方法是使用生物促融剂。这是一种病毒，叫"仙台病毒"，因为据说它是在日本仙台被发现而命名的。那个时候只能在鸡胚中进行培养。把两种要杂交的细胞放在一起，再加上仙台病毒，两种不同的细胞便有可能融为一体，成为"杂交细胞"。第二种方法是使用化学促融剂，这种化学药品叫PEG，是一种长长的由单体组成的分子量很大很大的大分子，它也能使细胞融合。第三种方法是物理促融，即把要融合的细胞放在电场里，瞬刻间，细胞膜被强大的电流击穿形成小孔（因此也叫"电穿孔"），细胞内的物质融为一体，细胞膜也相互连接。用这些完全不自然的技术进行了很多细胞"杂交"研究之后，似乎得出了"任何物种在细胞水平上都可以杂交"的结论。

细胞杂交技术第一次打破了自然界设置的生物的"物种屏障"，尽管大多数杂种细胞不能无限制地传代或人工增殖。但细胞杂种技术为科学研究立下了汗马功劳。

或许当时进行这些实验时，一些科学家非常敏感地意识到了这一危险，可是当时的提醒——不管正确与否，却被人们忘记了；或许他们也不再坚持了，因为并没有研究者培育出一个一半像人、一半像另一动物的怪物。究其原因，恐怕并不是没有人试过，但是没有成功——因为这些异种"杂交细胞"不能发育成一个独立个体。在这时，伦理学家大概已经接受了这一事实：仅有潜力，而不能发育成个体潜力的细胞不是我们前面定义的"生命"——不管是人为的还是自然的。

显微操作技术与核移植

对动物克隆来说，一个重要的关键技术便是显微操作技术。在显微镜下，科学家可以把一个细胞挑出来，也可以从8～16细胞期的早期胚中挑出一个细胞而不损害任何其他细胞，这个早期胚可以照样正常植床并发育成为一个正常的胚胎。

显微操作技术还可以将一根细细的注射器针头穿过一个细胞的细胞膜，取出细胞中的细胞核而不伤害这个“去核”或“无核”细胞。而这个“去核”或“无核”细胞仅剩下细胞膜与细胞质，如果不移入另一细胞核便不能生长，因为只有细胞核才含有决定细胞分裂生长的基因组。正好可以同样用“显微操作”移进一个“细胞核”。这个细胞膜与细胞质来自一个细胞，细胞核来自另一个细胞的“杂种细胞”，照样可以分裂生长，但所有的特性都基本上决定于移植进去的细胞核。这一“核移植”技术的用途十分广泛。也是克隆动物的关键技术之一。

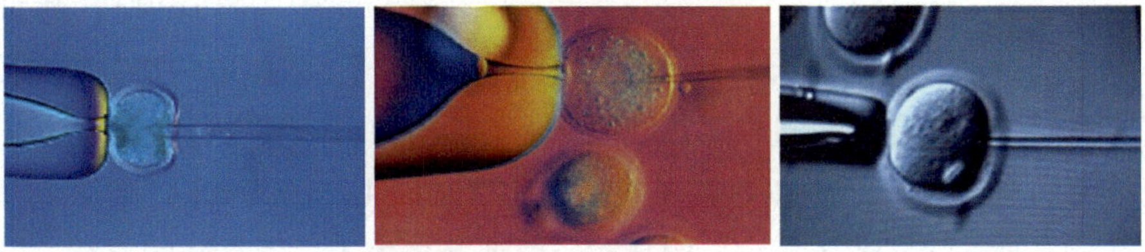

核移植：克隆的关键技术之一。

“基因克隆”与“基因转化”

与分子生物学技术结合，才使“克隆”如愿成为现实。

1953年，詹姆斯·沃森（James Watson）和佛朗西斯·克里克（Francis Crick）提出的DNA双螺旋结构，完美地解答了生物的连续性与多样性之谜，是人们认识生命奥秘的重要的里程碑。

20世纪70年代，科学家开始细菌的基因转移。他们把一个称之为“靶基因”的基因，“克隆”到一个叫做“质粒”的环状DNA分子中。这一人工构建的“质粒”带有一个能在细菌中扩增的基因，称为“复制中心”，能利用细菌的“生长机器”，在细菌中复制、扩增。这个质粒还同时带有一个抗苄青霉素的基因，细菌就会被“转化”而产生“抗药性”而能在含苄青霉素的培养基上生长，而原先未被“转化”的细菌则不能生长。

这一技术叫“基因转化”，这就是“基因克隆”技术、“遗传工程”或者生物产业的开始。如果把一段DNA分子放在这个质粒中，这个DNA就随着质粒的复制、细菌的分裂而无限扩增，就可以得到无数个分子的

詹姆斯·沃森

佛朗西斯·克里克

DNA：人类对生命认识的飞跃！

完全相同的DNA分子，因此也称为“基因克隆”技术。如果“克隆”进去的“靶基因”是一段能“编码”人的胰岛素的DNA分子（基因），就可以用细菌来生产人的胰岛素。要表达胰岛素这一种蛋白质的质粒与仅仅“克隆”DNA有所不同。要在基因“上游”再放上一段能发出指令，让细菌的“蛋白质工厂”按照胰岛素基因的信息而生产胰岛素的“启动子”。这就是现在用“遗传工程”的技术，用细菌来生产人胰岛素的方法。用类似的方法，现在可以生产人的生长激素、干扰素等简单的蛋白质，产量极高。质量与人的天然分泌的胰岛素、生长激素、干扰素等完全一样。“遗传工程”使生物技术发生了根本性的革命，已成为生物产业与生物经济的一个重要部分。

后来，科学家又用类似的方法，把外源基因导入了酵母。酵母是单细胞的真核生物，但是，它是含有与人的细胞核与细胞膜非常相似的“真核细胞”，同其他细胞相比，其细胞特性与人类更接近。用酵母也可以生产人的胰岛素、生长激素、干扰素，还可以生产较为复杂的如抗乙肝病毒的疫苗等蛋白质。当然，那个载体（“质粒”）的结构也要能被酵母接受，并能对酵母发号施令。

既然单细胞的细菌、酵母可以“转基因”，为什么在体外培养的动物细胞不能呢？

科学家于是又构建了能在动物细胞里复制的“载体”，它的结构组成也能给动物细胞发号施令。

怎么样把DNA分子送入细菌、酵母与动物细胞呢？有两种方法：一种是用钙离子来处理“宿主”细胞，就能打开大门让“外源”DNA进去；

另一种就是前面说过的那些“细胞杂交”的方法：电穿孔与显微注射。显微注射比“核移植”神奇多啦！用细细的针头把含DNA分子的“溶液”穿过细胞膜注射到培养细胞中便是啦！

PCR与单细胞基因分析

如果说，“基因克隆”或“DNA克隆”的第一代技术还是巧夺天工，还是利用自然界的细菌（当然是经过加以改造的细菌）的话，第二代“DNA克隆”便是完全“人为”的。这就是改变了分子生物学研究的PCR技术——“多聚酶连锁反应”技术。

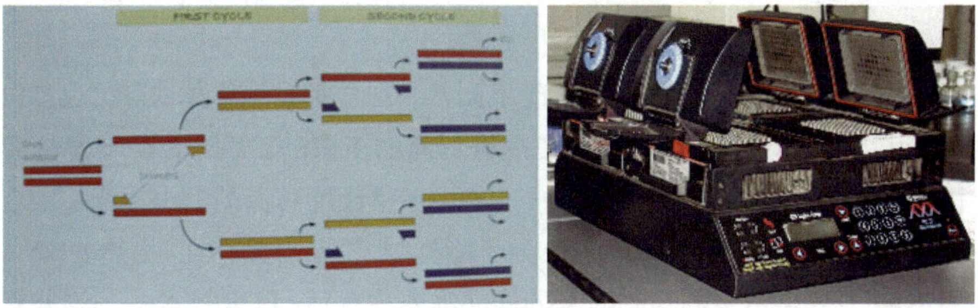

PCR：“DNA克隆”！

所有的生物体内的反应都是化学反应，都是在酶——一种被称为“生物催化剂”的蛋白质指导下进行的。DNA分子在生物内的复制，也是在一种酶——DNA多聚酶的催化下进行的。

科学家在20世纪50年代，便从大肠杆菌中分离得到了一种DNA多聚酶，后来又从酵母以至于动、植物细胞中分离得到。他们相互之间结构不一定相同，对工作条件的要求也不同，但都可以使DNA分子在体外（试管里）复制——克隆。

PCR技术真是神啦！

在一个试管里，放上要克隆的DNA片段——称为“模板”，加入DNA多聚酶，还要加入一点“引物”（其作用好像发面的引子，实际上是一段可以与DNA模板结合的一小段单链DNA），最后是A、T、C、G四种

Miller：PCR之父。

DNA的原料。把试管先加热到一定温度，据我们知道的DNA"双螺旋模型"，双链的DNA模板便变成两条单链（"变性"），再把温度慢慢地降低，"引物"就会粘到一条单链DNA分子复制的起始部分（"复性"），然后再把温度升到适合DNA多聚酶工作的温度，以"引物"为起点，以单链的DNA为模板，根据A与T、G与C配对的"互补原则"，一条新的双链DNA分子便合成啦！此时，再将温度升高，使双链又变成单链，新的一个循环又开始了！

刚开始时，由于DNA聚合酶不耐热，在"变性"温度时自己也"失活"了。每一个循环都要在降温后补加新的多聚酶。后来，科学家从美国黄石公园的热泉里分离到一种能耐90多摄氏度高温的"耐热细菌"。这种细菌能在高温中生存，其DNA分子能复制，说明自然存在"耐热的DNA多聚酶"。分离出来的耐热酶真的能在高温中存活，PCR技术——体外克隆DNA的技术便脱颖而出，大显身手。

有趣的是，因发明PCR技术的诺贝尔奖金获得者Miller，居然不久便离开了一个科学家的栖身之所——实验室。他唯一一次出现在公众面前，是作为美国橄榄球明星辛普森（O.J.Simpson）那一"杀妻"嫌疑案件的辩护人。他的辩言大意是他所发明的PCR技术会有误差。这是千真万确的，就像别的任何一项技术一样。

PCR技术对社会影响最大的便是在法庭上的应用。由于PCR技术在理论上可以用一个体细胞中的两个DNA分子作为模板而得到足够用于分析的DNA分子。因为DNA复制的准确性，除了与免疫有关的一些基因以外，所有的人体细胞都是有与受精卵差不多一样的DNA。因此，一根烟头上沾着的口唇上皮细胞，一根头发的发根与发丝（用线粒体DNA分析），一滴血液或精液，不管是干的还是湿的，新近的还是陈旧的，甚至于一滴洗脚水，一个指纹上的上皮细胞，一件内衣上的脱落上皮，都可以用PCR技术进行"DNA指纹分析"，然后通过核对嫌疑犯的DNA，或罪犯DNA数据库而找到真正的罪犯，因为我们每个人的基因组DNA相互之间都有差异，而法医上使用的“标记”能揭示每一个人的DNA差异。

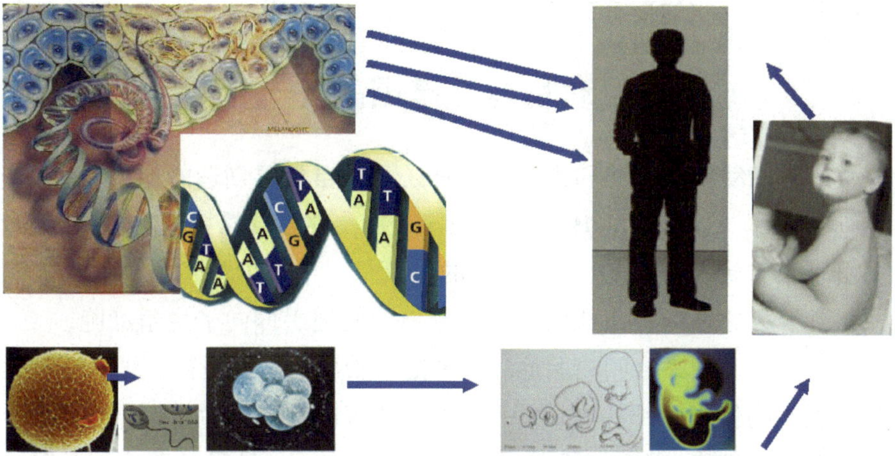

本是同“根”生：一个人的所有细胞都有差不多一样的DNA。

PCR技术与克隆技术密切相关。PCR技术可以用单个或少数细胞进行基因组分析。前面讲过的第三代试管婴儿技术，便是用显微技术从早期胚上挑取一个细胞，以PCR来进行各种各样的分析，再选择符合要求

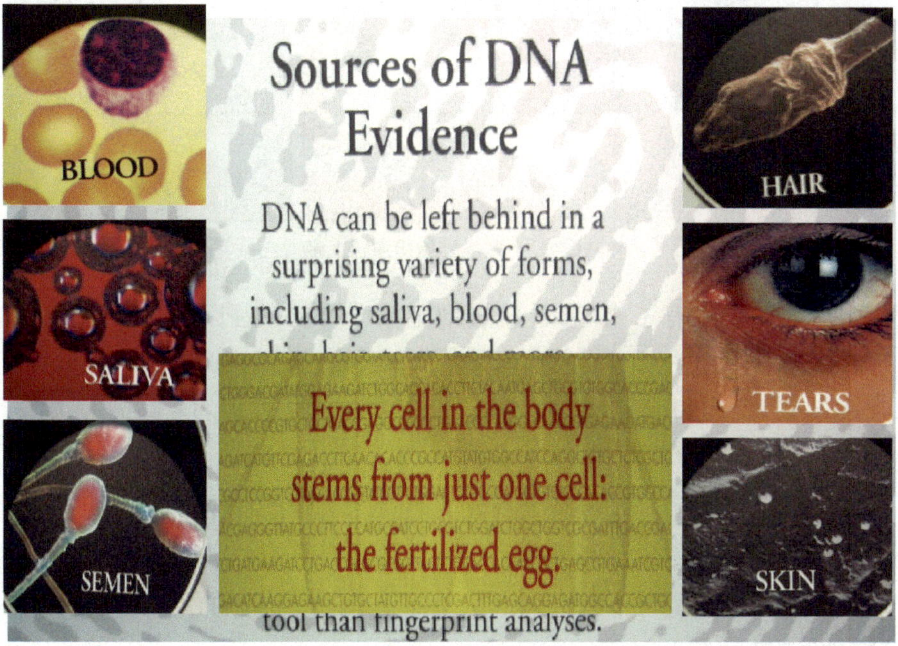

本是同“根”生：所有细胞组织都可以用于个体鉴定。

的胚植入母亲子宫。这一技术对于动物克隆是十分重要的。而要鉴定一个克隆是真的还是假的（如是不是生殖细胞的污染，是"克隆"的还是"胚裂"的），也需要PCR技术。

转基因动物与"基因敲除"动物

如果说动物的驯养和家畜的育种还是对自然界创造的"动物""略加修饰"的话，转基因动物便是人类创造的、新的、自然界没有过的动物。尽管现在"转"进去的、"敲除"的还只是一个或少数几个基因。

科学家的好奇心使他们永不满足，他们把手伸向了生殖细胞。

小鼠有一种肿瘤叫畸胎瘤。如果把畸胎瘤的细胞搅散，居然可以像其他类型的体细胞那样在试管里生长。还可以得到特性相似、连续遗传的很多很多细胞，称为"细胞系"。更为神奇的是，这种畸胎瘤细胞以及经过改造的细胞系如果植入母鼠的子宫，居然可以长成一只正常健康、活蹦乱跳的小老鼠！这一技术在细胞克隆与动物克隆之间搭起了一架桥梁，因而引发了一场人类改造动物的革命！

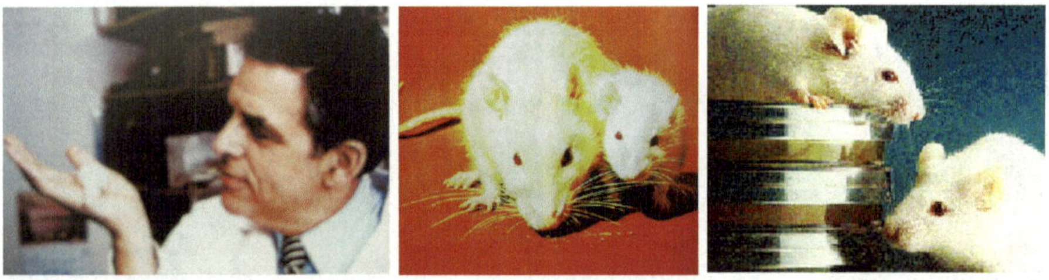

"转基因鼠"：人类开始扮演"上帝"？

科学家已经有了把DNA转进细胞培养物的"基因转化"的技术，现在可以轻松地把DNA分子"转进"小鼠畸胎瘤的细胞系，然后再植入小鼠子宫，生下来的小鼠的基因组里便含有转进去的"基因"，这便是"转基因小鼠"。

当我们看到第一只转基因小鼠的照片时，简直不敢相信：这只转基因小鼠转进去的是生长激素的基因，足足有普通的大鼠那么大。谁看到这只小鼠都会想到——人类又一次扮演了"上帝"的角色而创造了新的"物种"啦！

人类与其他动物的很多遗传病都是由某个基因的结构变化丧失了功能而引起的。转基因是“加”进去一个基因，那么能不能“去”掉一个基因呢?

能!

人类又一次开始了仿效自然界现象的科学实验。他们用类似的“同源重组”的方法，把小鼠的某个“靶基因”有目的地“敲除”！这一实验通常也是以小鼠畸胎瘤细胞系开始的，然后再植入小鼠的子宫，一个去掉了一个基因的动物产生了。由于“敲除”了这个基因，所产生的特性与由于缺乏这一基因的“遗传病”近乎相同！正因为这样，与转基因一样,“基因敲除”成了研究人类与动物的遗传病及基因功能的重要实验系统。现在，科学家还可以有目的地“敲”掉若干组织里的某个基因，而不是所有的组织细胞，即所谓的“组织特异性基因敲除”。

备受青睐的干细胞技术

在人胚发展的早期，几乎每个细胞都能发展成一个独立个体，也就是说，具有长成人体任何一种细胞的潜能，这样的细胞称为“全能干细胞”。再过一段时间，这样的细胞不能再发展成为一个个体，但可以在一定条件下，发育成几种细胞或器官，称为“多能干细胞”。当身体各部位器官都发育好了,一种细胞只能长成一种器官或组织,这些细胞称为“专能干细胞”或者“成熟的干细胞”。而一般体细胞，包括血液中各类细胞(除了“母”、“干”细胞外)，以及皮肤细胞，肝细胞等，只能分裂、增殖同样的细胞类型，就成为“终末细胞”啦!

怎样才能得到这样的干细胞？早期人胚是干细胞的重要的来源。人胚组织中全能干细胞最多、最神奇，它能够有规律地分化、发育成人体的所有细胞、组织和器官。

得到人胚干细胞的技术，与培养“试管婴儿”的前几步很相似，先培育受精卵，但在植入子宫前，就将其消化、离散，得到的便是干细胞。该技术关键之一是培育受精卵的培养液。从第一个“试管婴儿”在1975年取得成功以来，30多年过去了，培养液的配方经过不断地调整、改良，现已趋于完善。人类受精卵的培养技术已达到炉火纯青的境界。

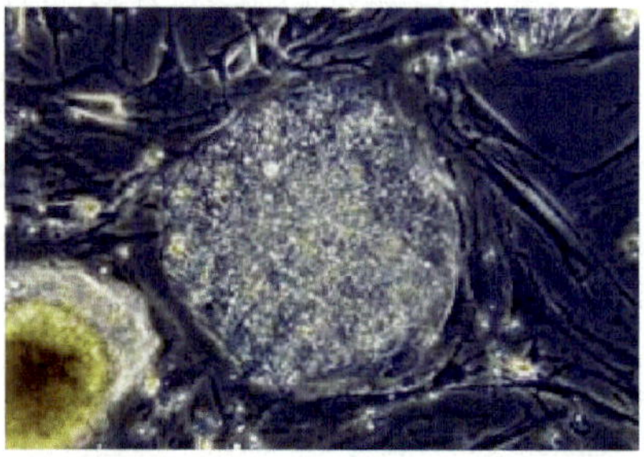

人胚干细胞：伦理否？现实否？

让我们再来看看我们自己人体的发育过程吧！人胚从受精后的第14天开始，就不再复制同样的细胞！人胚细胞是全能干细胞，具有发育成人体的任何一种细胞的潜能，这就是为什么人体细胞不像一袋堆积在一起相互无关的土豆，而是一个有血有肉、有心有肺、有眼有鼻的“有机体”。这些细胞就像一支乐队，在一根看不见的指挥棒的指挥下，演奏着一首首和谐的生命交响曲。该长眼睛的细胞长成了眼睛、该长耳朵的细胞长成了耳朵，而眼睛与耳朵又通过神经或其他组织连接起来，组成了人类独特的个体。

这一个个细胞似乎特别听话——尽管它们在细胞核里有同样的完整的基因组——绝对不越俎代庖，而且开始分化以后就不再无限地生长了。若偶然有些细胞不听话非要“有组织无纪律”，而人体的“免疫监督”机构又疏忽职责，那就只好长成肿瘤，自食恶果了。

干细胞的前景是十分诱人的。患心肌梗死的病人需要心脏细胞来修复，有的人得糖尿病是因为胰岛的一种细胞不能继续分泌胰岛素，将培养的这种胰岛细胞注入身体，血糖水平将恢复如常，病人不再产生其他严重的并发症。

由于人胚干细胞的使用涉及生命的定义而有争论，科学家又想出了另外一个既可治病救人又不伤害生灵的技术——成人干细胞！在成人的血液与其他组织中，确实可以分离到血液干细胞，至少可以培养。

干细胞那最吸引人之处——培养器官，又有何困难呢？

现在，多能干细胞已能培养出像膀胱这样的组织较为单一的器官，可以看到似乎搏动的心肌。同样的一种特殊的多能干细胞，也可以用已知的不同“诱导物”诱导出脂肪或肌肉细胞。

又一个梦产生了！现在成千上万的病人等着器官移植来拯救他们的生命。是否能够在实验室用干细胞定向诱导分化出不同的病人所需要的器官？也许将来有一天，需要移植某种器官，培养一个就是了。

临床上，异体器官移植的成败或存活多久，在很大程度上决定于病人的主要组织相容性抗原（HLA）的基因型是否与提供器官的个体的基因型相匹配。正因为如此，“配型”的困难是造成器官来源不足的原因之一。最理想的是，用病人自己的细胞长一个“器官”。

人类渴望着新的器官来源并不断进行探索。现在可以用转基因方法对一些与人相近的动物基因组进行改造，如猪的“人类化”，来得到“人心”、“人肾”！现在尽管有很多进展，但猪与人的区别毕竟较大。真正培育成功又能够用于临床仍然面临重重困难！

如果把人胚干细胞培养到一定程度，也加点什么化学的、生物的“定向诱导物”，真的在培养瓶里长出一个心脏、肾脏或者其他重要器官，并且可以用病人自己出生时冻存的脐带血干细胞，来得到一个器官，那简直美妙至极！现在世界上，恐怕有不少科学家处心积虑，觊觎实现这一美梦呢！

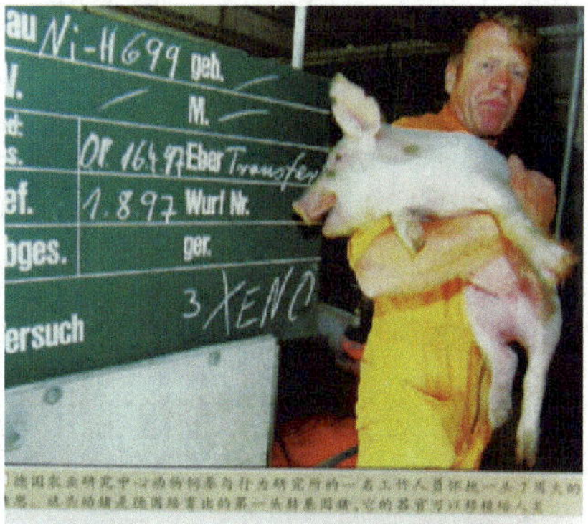

“转基因猪”：猪心、猪肾的“人类”化？

但是，另外一些问题又出现啦！

从今天的技术来说，借用自然的“工作室”——子宫，克隆一个人尽管仍有困难，可是比克隆一个特定的器官要容易得多！

现在不是有不少国家接受“脑死亡”吗？在疾病、损伤等导致一个人的脑的功能全部丧失后，不管他的心脏是否还在跳动，肺脏是否还在呼吸，都可以判定这个人已经“死亡”。脑死亡似乎也可以被理解成“没有脑的人便不成为人”。如果克隆一个没有脑的人，似乎目前看来没有什么对此行为惩罚的法律依据。既然不是人，无妨把那胚胎看成是一个可以培养五脏六腑的“培养基”，然后拿下一个个器官，心脏送给需要心脏的患者，肾脏送给需要肾脏的患者。

既然有了这样的想法，有人便身体力行。没有头脑的小老鼠真的培育出来啦！看过那一张照片（如果不是伪造的话）真叫人瞠目结舌！尽管有人认为那一定是隐匿了什么部位的神经，但看起来它真是一只"无头小鼠"，幸好还不是"无头之人"！

这一"无头小鼠"的制造者立即受到了广泛的谴责！反对者有充分的理由：虽然现在只是用小老鼠实验，这些研究者肯定会受利益驱动铤而走险，搞"无头之人"。但反过来想一想，为什么在小老鼠身上不可以试一试呢？毕竟人类在渴望着新的器官来源。

尽管世界上没有一个政府公开支持"克隆"一个个体，但支持"人胚干细胞克隆"的则不少。

支持者认为，人胚干细胞研究与应用已是大势所趋，为了患者的健康而不得不牺牲另外一些人胚，在伦理上应该是可以接受的。而牺牲一些人胚本来就是大家已经接受的事情，如同培育试管婴儿一样。

另外一些科学家认为，为得到这些干细胞而破坏人胚的做法应该禁止！他们说，一些人宣称"治疗性克隆"已经指日可待而且万能，纯粹是骗人的谎言。而且从这个名字便有蛊惑人心之嫌，因为没有一个科学家能说自己的实验已经是治疗，如果这样，所有的克隆都可以说是"治疗性"研究，因此都希望能用于治疗。说是"研究性克隆"也不一定恰当，因为"克隆人"也同样处于研究阶段。

但是，现在新出现的情况是，有的国家制定了一个明显的双重标准。这些国家一边在伦理上批评"人胚细胞克隆"，然后对自己的国家定下诸如政府（来自纳税者）不能资助，但是私营研究单位或公司可自行其是。在他们自己国内不允许"破坏人胚"，但可以从别的国家进口已建立的"人胚细胞株"。很多人认为这类双重标准是极为荒唐的，从伦理学方面也是极为不严肃的。因为伦理是涉及全社会的事，由政府人为地把社会分成"公众"和"私人"两块，依据何在？难道私人公司的行为就不需要服从公众伦理规范吗？至于仅"允许进口"其荒诞程度如同这样的谬论：猪肉是动物蛋白质的重要来源，我们是非吃下可；但杀猪等于杀生，这是我们这些善人绝对不干也不允许干的。可是，可以让那些"无法无天"的人去杀猪吧！我们再去进口猪肉，来享受猪肉的美味营养！

这样的双重标准对伦理讨论的严肃性是极具破坏性的。有人还把这种讨论牵扯到经济上，他们认为如果有一天这一技术被接受，现在那些"以身试法"的国家就抢先获得了极大的利益，在技术上不能受制于人！

总体上而言，有关干细胞克隆的法规处于混乱之中。如在美国，不同州的法律不一，新泽西州在2004年年初同意进行人胚干细胞研究，还包括"体细胞核移植"，但需要个例审查。

美国布什总统在"日理万机"之时，还亲自过问克隆一事。总体上布什是持反对态度的，他认为："为得到器官而克隆一个人，为自己的方便而再创一个生命"是不能够被接受的。

我们想把对干细胞的研究与应用的冷静分析交给我们的读者。

"名正而言不顺"，这就是现在"克隆"概念的混乱。

干细胞的应用前景具有难以抗拒的诱惑。现在很多人将这一正在研究的技术称为"治疗性克隆"，在谈"克隆"色变的今天，这只能带来混乱。而且在科学上也不一定能站得住脚。遗憾的是，现在木已成舟，既然是"克隆"，一禁止，就把"孩子与洗澡水"一起倒掉了！这简直是强行加上一个罪名，然后格杀勿论。

现在有人认为，人胚干细胞的工作应客观描述为"通过培养早期人胚来得到干细胞"。就像我们在实验室，通过培养人的各种细胞来获得更多的细胞一样。因此，将分子水平、细胞水平与个体水平的克隆混为一谈，很可能会将"中国正在克隆人"误解成"克隆人在中国出生了"，实际情况仅就是"中国正在克隆人的细胞"。

这样的事，今天还在发生。2008年1月18日，连笔者也为美国一个报道"人类克隆工作的新进展"而大吃一惊。而实际上，报道的仅是干细胞研究的新进展。正因为这样，笔者在联合国教科文组织国际生命伦理委员会工作时，坚持把"治疗性克隆"改为正确的、客观的"人胚干细胞的应用"，以正视听。

对干细胞应用的伦理问题，争论的核心是生命的定义，反对者认为干细胞不是一般的细胞，不能与细胞克隆等同对待。

在来源上，干细胞的来源是由受精卵发育成的早期人胚。而很多国家的法律规定生命是从受精卵开始的，用胚胎来做研究本身就是犯法的，尽管有些这样的国家对试管婴儿与人工流产照做不误。

支持者认为，在法律上有些国家把人类生命的开始定义为受精卵第14天，即从胚胎开始分化成器官特别是神经系统才开始。在伦理上，既然生命还没有开始，那么人胚细胞的培养与其他体细胞的培养已没有区别。进一步的辩护便是：为了拯救病危的同胞，为什么不能把干细胞看成是一种进口药品呢？而这种药品只是我们国家不能生产的，正如为了止痛可以进口鸦片一样。

英国是首先明确开放人胚干细胞研究的国家。2005年2月8日，克隆"多莉"羊的"克隆之父"伊恩·维尔穆特（Ian Walmut）得到了英国政府颁发的许可证，他是2000年9月提出申请的。

我们知道，维尔穆特在公开场合，包括在美国国会作证时，是坚决反对"克隆人"的，但是，他又是"人胚干细胞"研究的支持者与鼓吹者。他认为正是因为现在我们科学界对"克隆人"技术知之甚少，对先天缺陷与早衰等安全问题的担忧不应该影响"人胚干细胞"的研究。

"克隆人"的反对者似乎有意无意地推波助澜、欲盖弥彰。2003年美国众议院通过了一个法案，"全面禁止各种形式克隆人研究"。很多人认为，这是地地道道的"一刀切"！把"人胚干细胞"的研究与应用说成是"治疗性克隆"，再加以禁止。

据说也在那段时间，法国议会也通过了一项议案，"敦促在全球范围内全面禁止包括生殖性与治疗性在内的人胚克隆实验"，真是又好气又好笑！

因为同样的原因，美国的共和党参议员Orrin Hatch（犹他州）建议使用"体细胞核移植"一词来取代"治疗性克隆"。其用心可谓良苦，但悔已晚矣。

很多人认为，一词之差——把"克隆"和"干细胞"研究与应用捆在一起，给民众带来了概念上的混同或混乱，带来了干细胞研究与应用的灭顶之灾。这一教训似乎值得科学界汲取。

第五章

克隆

人类对“造物主”的最大反叛

动物的克隆，也就是我们通常所讲的“克隆”，一直是一个梦。

为什么还要对高级生物，包括人类进行克隆呢？

克隆的显著特点是在生殖过程中没有精卵结合而由体细胞直接发育成新个体，这样新产生的个体能够保留亲代的全部基因，具有相同的表型特征。

克隆的科学意义是不言而喻的。克隆也许是研究动物以至于人类的最为理想的实验系统。克隆能增进人类对生物的生长、发育的机理的研究和理解；克隆为科学实验提供更适合的动物与植物；克隆将培育出家畜家禽的优良品种……

科学家也疯狂

20世纪30年代末，德国胚胎学家汉斯·施帕曼（Hans Spemann）提出了与现代“克隆”技术实验原理相似的设想。他曾写过一本书，名为《胚胎的发育与诱导》，书中设计了一个“奇妙的实验”：将一个成熟的细胞核取出，转移进一个去掉了核的卵细胞中。他也曾付诸实践。尽管在他自己手里没有成功，但这个好主意令人久久难以忘怀。

真正开始吃“螃蟹”的是罗伯特·博里格斯（Robert Briggs）与汤姆斯·金（Thomas King）。1952年，美国与英国的这两位年轻人挖空心思，把从青蛙的早期胚胎中分离取出的细胞核植入去核的卵细胞内。一个又一个蝌蚪从玻璃器皿里游出，有的活蹦乱跳，有的行为迟缓，更多的早期夭折。据说他们进行了几百次这样的实验，共得到了327个蝌蚪。克隆动物成功了。

青蛙幸运地成为世界上第一种被克隆的动物。选用青蛙的原因是，青蛙排卵很多，取卵容易；青蛙卵的体积较大，用一般的低倍显微镜便可操作；青蛙将卵排出体外，胚胎是在体外发育的，可以直接观察而不需要让母蛙为科学献身。但最终遗憾的是，博里格斯与他的同事“创造”的这些小蝌蚪都很快夭折，没有长大成蛙。这不能说是完全成功的克隆。

但是，博里格斯与金还有一个非常重要的“失败”的发现：当他们使用来自于已经分化的细胞的细胞核时，核移植胚胎的存活率明显下降。如果是这样的话，当胚胎发育并分化后，基因可能发生了不可逆的变化，难以被重新“救活”，这等于给成体动物克隆判了死刑！

第一个尝试“克隆”的中国人是著名的生物学家朱洗。从20世纪40年代开始，他便试用用涂有血液的细针，刺入蟾蜍的卵子。这些“针刺卵”居然发育成了癞蛤蟆。这些“没有父亲”的癞蛤蟆后来据说还有了自己的孩子。60年代初，中国拍过一部科教片《没有外祖父的癞蛤蟆》，当时备受青睐，一些50岁左右的人到现在仍记忆犹新。

尽管朱洗用的技术与现在说的“克隆”有所不同，他自己生前也没有对其实验结果做出令今天人们能够接受的解释（也许是某些“刺激”的重要性），后人也没有成功重复过这一实验的报道，但朱洗先生应该是“吃螃蟹”的第一个中国人。

对“克隆”这一直接冲击生殖——生命科学的核心的探索，吸引了无数科学家的兴趣，激发了无数科学研究者的智慧，无数实验室在从事克隆的研究。1962年，英国牛津大学的生物学家约翰·格登（John Gurden）用南非爪蛙作为克隆的实验材料取得了成功。当时让人感到新奇的是，他用的是与生殖风马牛不相及的肠上皮细胞！他将蝌蚪的肠上皮细胞核取出，移入去掉细胞核的卵细胞，形成了一个新“重组卵胞”。

约翰·格登的成功似乎有些偶然。在他的实验中，1.5%～2%的“重组卵胞”中爬出了蝌蚪，继而去掉它们的尾巴，长成了青蛙，克隆动物真正成功了！这一成功率即使在今天也是很高的，何况那时还是破天荒的第一次！

格登还没有来得及享受成功的喜悦，就有一些人对他的实验的技术环节提出种种怀疑。一位质疑者认为，格登声称的肠上皮细胞可能混有生殖细胞，如果那些蟾蜍是由生殖细胞克隆的，那就是另外一回事，无法与“核移植”的体细胞克隆的技术含量相提并论。曾经有人使用蛙类的精子来克隆蝌蚪，但在此之前没有成功。有人认为核转移技术会造成细胞核中遗传物质的物理损伤，这可不是闹着玩的。即使是成功了，也是残缺不齐的“废品”。

格登的实验至今尚未完全定论。但有一点可以明确，正是由于他的实验，才迎来了“克隆”的曙光，拉开了广泛研究与公开讨论的序幕。

如果说“双生子”就是自然界的一种“克隆”——用本来只产生一个个体的受精卵，通过“无性繁殖”，产生两个遗传上一模一样的个体的话，人为的“双生子”技术在20世纪80年代已相当成熟，并广泛用于牛、羊等哺乳动物。这一技术叫“胚裂”，就是把受精卵在人工条件下培养到一定程度，再将早期胚细胞人为地分离，每个各长成一个个体。欧洲第一头“胚裂”的克隆牛于1987年在丹麦出生，名字叫“康朴”，是为了认可中国科学家许康朴的贡献。

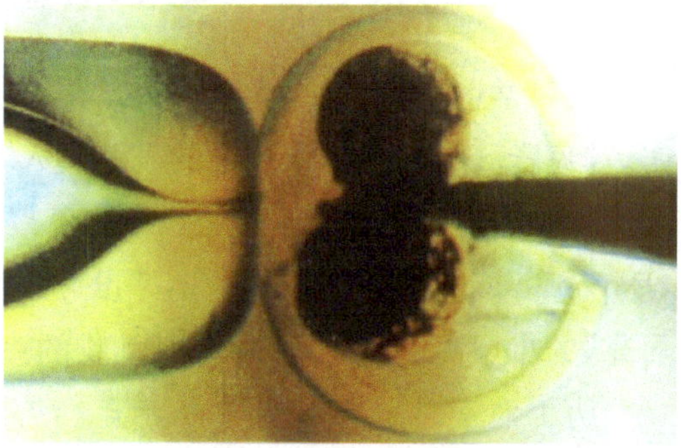
“胚裂”：动物的克隆。

早期胚毕竟与生殖细胞比较接近，尽管（在科学上）用早期胚的细胞核培育出新的个体，是地地道道的克隆，人们还只是把成体细胞的克隆称为“克隆”。这也许是当今科学的怪事之一：科学是越奥妙，越困难，就越有意义，越能激起人们的兴趣。而从来不考虑这一新方法的昂贵成本与风险，以及是否可以用另外一种方法，达到同样的实用目的。

值得注意的是：我们一直是用现代的词汇来描述前人所做的很多实验。实际上，迟至1963年，英国的生物学家海尔登（Haldane）发表的一篇“关于人类未来1万年生物进化”的激情演讲中，才首次使用了“clone”（克隆）一词来描述博里格斯等人培育蛙类的类似工作。

在汉语中很多外来词被翻译的音神皆备，脍炙人口，如基因(gene)，可口可乐（Coca Cola)。但“克隆（clone)”一词仅仅根据发音直译，生硬冷漠，难以“望文生义”。然而，现在它居然凭借着“多莉”羊的芳名，变成了街头巷尾谈论的最流行的词汇之一。

两栖动物青蛙克隆的成功，曾激起无数科学家对克隆哺乳动物的极大欲望。但向克隆技术进军的征程是那样的遥远而漫长，几度风雨，几度春秋；经几度兴起，又几度跌落。

1981年，美国的卡尔·依尔曼斯（Karl Illmensee）在日内瓦大学声称，用小鼠的早期胚细胞克隆出了3只小鼠，并在一著名的杂志上发表论文。这似乎是当时哺乳动物克隆成功的代表作。然而，两年之后，有人指控他捏造实验结果，依尔曼斯因此声名扫地，并失去了科研经费。

这是克隆史上并不光彩的一页。我们希望不要有人再来书写同样的一页。

奇迹从这里开始

"科学造假"带来的最大灾难，是对这个领域的期待与信心的致命打击。"克隆"哺乳动物像今天的"克隆人"那样，被断言为不可实现的梦想。在依尔斯曼事件后，又是几年的静寂。1984年，美国的丹佛·沙尔特（Davor Solter）通过大量的所谓"设计周密、技术先进、探索全面、数据可靠"的小鼠克隆实验，声称哺乳动物的克隆"至少在近几年是不可能的"。

历史似乎总是与人们开着玩笑。沙尔特的话音刚落，1986年，英国剑桥的斯蒂·维勒德逊（Steen Willadsen）却以早期胚细胞成功地克隆了绵羊。紧接着，美国威斯康州的两位科学家尼尔·福斯特（Neal First）与拉代尔·皮拉特（Randall Prather）以早期胚细胞克隆出了小牛。英国罗思林研究所的科学家伊恩·维尔穆特（Ian Wilmut）和康姆科尔（Keith Campbell）用已经分化的胚胎细胞克隆出了两个"双胞胎羊"，命名为"麦格"与"摩根"。

到这个时候，人们还是认为克隆哺乳动物只能用早期胚细胞，似乎离真正的克隆——用成体细胞克隆还很遥远。基因在细胞发育、分化中的变化是否可逆，能否被重新激活是关键的关键！

也正是他们——维尔穆特和康姆科尔——克隆了"多莉"小羊。1995年7月5日，"多莉"羊已悄悄地来到世间，依偎在她的"妈妈"身边。也正是由于这样的原因，现在有人担心“克隆人”是否已经在她（他）妈妈的怀抱里，只是“制造者”还因为什么原因没有宣布而已。完全可以设想，“多莉”羊的尝试，是在“不可能”的结论中开始的。

“多莉”羊与“麦格”和“摩根”羊这一对双胞胎姐妹不同之处在于：“多莉”羊是世界上第一只通过细胞核转移技术、用成年体细胞克隆的哺乳动物，她是历史上第一个名副其实的“克隆”！她的遗传学母亲——应该说是母亲的基因组——是一头芬兰多赛特母羊的乳腺细胞的细胞核。而她的代孕母亲则是一头苏格兰黑面羊。但是，“多莉”羊的卵细胞质，却是另一头苏格兰羊。从她的身上取出一个卵母细胞，去掉了细胞核，在电场中将细胞核与去核卵细胞融为一体。

“多莉”：第一头动物“克隆”。

1997年2月24日著名的《自然》杂志发表了对“多莉”羊的研究成果。此时，“多莉”羊已经成长到7个月龄，体重18.45千克。比她诞生时的6.6千克，已经整整长了11.85千克。

“多莉”羊的诞生相当不易！以至于今天还成为“克隆人”反对者的主要依据之一——成功率太低啦！据称，研究人员一共使用了434个卵。只有277个卵细胞成功地转移进去成体细胞核并能活上几天，按卵计算，此时的成功率只有60%左右。后来长出了247个胚，成功率为90%左右。其中29个发育成多细胞囊胚，差不多死了90%。最后，只有13个可以用来植入“代孕母羊”，成功率只有50%左右。后来，又有好几头“代孕母羊”自然流产。还有几头好不容易战战兢兢地生下了小羊，不是死胎，就是严重畸形或严重疾病，研究人员又不能眼睁睁的看着它们在死亡线上挣扎，只好施行“安乐死”，把它们的生命送回原处！最后“多莉”羊出生了，并熬过了一个又一个生死关头。经过周密的遗传学鉴定，肯定了“多莉”羊的克隆身份后，研究人员才敢将之公布于众。

尽管只有这一头“多莉”羊，却取得了令人瞩目的重要科学成就！

“多莉”：出生广告？

“多莉”羊的诞生揭示了几个核心问题：第一，充分肯定了一个完全分化的动物成体细胞核仍然具有发育成一个成熟个体的全部基因；第二，证明已分化的动物成体细胞核能回复到原始阶段并按胚胎发育的顺序发育成为一个成熟个体。细胞分化过程中DNA变化是可逆的，可以重新“激活”；第三，表明卵细胞质对细胞核的功能起到了关键的调节作用，而“多莉”羊的成功要素之一，是使移植进去的成体细胞核与去核的细胞质之间的同步，能准确的启动或关闭那些基因。卵细胞质作为一支乐队，以“移植核”为乐谱，重新奏出了一曲生命的壮丽乐章！

在很长一段时期，“多莉”羊成了媒体的宠儿、家喻户晓的明星和有关“克隆”讨论的焦点。

“忽如一夜春风来，千树万树梨花开”

“克隆”这场“革命”终于来临了。就在“多莉”羊出生后不久，其他动物的克隆“忽如一夜春风来，千树万树梨花开”。

在宣布“多莉”羊诞生不久，体细胞克隆的小鼠“卡缪丽娜”浮出水面。科学家采用了提高克隆成功率的很多新技术。在“卡缪丽娜”出生的同时，还有其他多只克隆小鼠同时培育成功。随后，几个国家的科学家通力合作，在美国夏威夷培育了连续三代共50只的克隆小鼠。

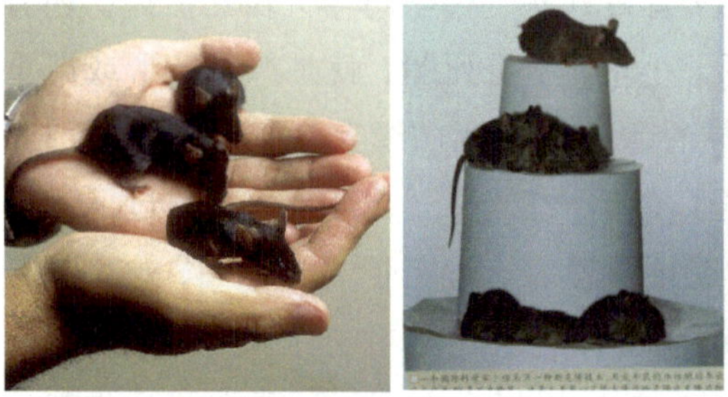
连续三代的克隆小鼠。

克隆牛。

接着，克隆牛“能都”和“加贺”也在日本诞生了！克隆牛的培育成功，表明克隆技术已可以用于批量培育优良品种或者特殊用途的家畜，使人们开始了用克隆技术“发财”的梦想！并把这一梦想努力变为现实。而后，克隆牛在美国与中国相继问世，又回答了一个问题：也许克隆动物像同一天自然出生的动物一样年轻！

不久，法国国家农业研究中心的Jean Paul Renard又克隆了兔子。

克隆兔。

克隆猪。

5只体细胞克隆猪在2000年3月被培育成功。这不仅给猪，这一人类的老朋友与动物蛋白的主要提供者提供了新的繁殖方式，也给无数在死亡边缘徘徊、等待器官移植的病人带来了新的希望。“克隆”又一次激起了人类为自身造福的愿望。

克隆猪。

2006年，中国与丹麦的科学家又在丹麦成功克隆了猪。一胎3头又一胎10头。他们的工作有两个新的亮点：一是用他们建立的“手工克隆技术”克隆的，这一技术简便易行、成本甚低；二是把不同的“克隆”胚一起植床，充分发挥了猪胎多仔的特点。

克隆猴。

当时光的脚步刚刚迈入千禧年，一只名叫“泰特拉（Tetra）”的短尾猴就蹦蹦跳跳地跃入公众的视线，人类的近亲——猴子克隆成功！

“泰特拉”猴是美国科学家用“胚裂”术克隆出来的。“泰特拉”是由一只健康的母猴

克隆骡。

的幼胚分裂成4部分克隆的。在这次再植入“代孕母猴”的子宫里的实验中，科学家使用了107个胚胎，在实验室已进行了2～4次分裂，共产生了368个胚胎，经过13次实验，有4个受孕成功，最后只有1个存活，这存活的胚胎又被一分为四，最后只有“泰特拉”幸运降生。2007年，真正意义的“克隆猴”问世。

有趣的是，科学家居然成功克隆了骡子。引人注目的是，骡是马与驴杂交所生，不会生育，可现在有了骡“妈妈”啦！

克隆猫。

宠物给无数家庭带来了很多情感的寄托和乐趣，也是孩子们童年的玩伴。小猫“西西”，是世界上第一只被克隆出来的宠物！她于2001年12月22日出生，全身白色带有花斑点，看起来很像她的遗传学妈妈“彩虹”，但也非完全一致。这是第一次观察到克隆动物与“母亲”的不同，尽管还只是外表——毛色的不同。这一决定毛色的基因位于X染色体上。猫和人一样，染色体也是成对的，在胚胎发育过程中，X染色体的一些基因在一些细胞中可能被关闭，一部分细胞变黑色，另一部分成白色。

小猫“西西”来到这个世界上也非常不易。尽管有先前克隆牛、羊、猴子、老鼠等成功的典范，但是科学家仍然是在进行了188次实验之后才克隆出这只可爱而又珍贵的小猫，他们总共获得了87个胚胎，只有两只猫受孕，而“西西”是唯一生下来并存活的小猫。

克隆狗

狗是目前科学界公认最难克隆的动物。美国一家公司启资2000万美元、耗时7年，毫无收获。2005年8月初，韩国首尔大学兽医学院黄禹锡教授的实验室成功克隆了狗，命名为Snuppy。2007年3月，这个实验室又宣布成功地克隆了近乎濒危的小狼（这两只小狼分别出生于2005年10月18日与26日）。尽管很多人出乎不同原因不愿相信，可几经鉴定，俱为克隆无疑。

一种又一种哺乳动物的克隆成功了，克隆人在技术上已经变得非常现实：羊已经克隆了，猪已经克隆了，牛已经克隆了，马已经克隆了，小鼠已经克隆了，兔子已经克隆了，猴子已经克隆了，狗已经克隆了，狼也已经克隆了，克隆人还有多远呢？

第六章

风险

“克隆人”的技术与安全问题

从动物克隆的成功率说起

对“克隆人”的支持与反对，首先是围绕着安全这个问题展开的。可以说，安全问题是争论双方的实质性分歧之一。只有了解支持者与反对者双方的意见，才能充分理解各国政府的不同态度、政策与措施的产生背景。

从技术角度讲，反对者首先担心的当然是“克隆人”可能出现的健康问题。这一忧虑是完全可以理解的，绝不是无病呻吟。因为“多莉”羊与其他克隆的动物已经陆续出现了一定的问题。连“试管婴儿”也还有一些“安全”问题悬而未决。

特别值得注意的是，技术上的安全与伦理上的争论似乎并不完全是一回事。

当“克隆人”的反对者以“技术上不成熟”作为反对“人的克隆”的主要理由时，支持者马上抓住了一个“悖论”：这等于承认这一技术的必要性。这说明“克隆人”已没有伦理上的问题。这一前提可以推理至：如果“克隆人”作为一种辅助的生育方式有可能给人类带来好处，那么技术上的不成熟只能通过更多次的实验才能改进。那就应该投入更多的研究力量与研究经费，给予更多的舆论与实质性的支持，尽快解决这些问题，为那些无法生育或痛失爱子（女）的父母早日送子（女）。

“克隆人”的支持者的另一说法也不能说毫无道理。从另一角度来说，自然生殖方式难道没有流产吗？已被广泛接受的“试管婴儿”难道没有畸形吗？要进行全面比较的建议是反对者难以拒绝的。

让我们暂且“离开”伦理争执，看看“克隆人”的安全是否令人放心。以实际上“不能肯定的风险”，关上“肯定有好处”的科学大门是不严肃的。因为“技术不成熟”而暂时禁止也是不慎重的，这只能推迟“成熟”的时间。“克隆人”支持者经常援引20世纪70年代初期对DNA技术的“暂时禁止”，“其实际效果只是耽误了这一技术的发展”，禁止多少年就是耽误多少年。

不幸的是，技术问题与伦理问题盘根错节、难舍难分。综合所有“克隆”的问题，有两个主要方面：成功率与畸形率。这两者实际上是一回事，高度畸形就不能算成功。

成功率显然与需要“牺牲”多少“生命”，即“克隆人”的代价有多大有关。

这里我们需要先讨论“克隆人”成功率的问题。

哺乳动物的“克隆”要过“四关”：第一个关卡是“授核卵”能否存活。植入一个成体细胞核的那个去掉原有的细胞核的卵细胞，能够在玻璃试管里的人工营养液里存活并进行正常细胞分裂，当然是成功的第一步，就像“试管婴儿”在体外用父亲的精子与母亲的卵子受精后，受精卵能否在玻璃试管里存活分裂一样。第二个关卡是“着床”，也就是“授核卵”经过几次细胞分裂，成为一个有多个细胞的细胞团——早期人胚，在植入妈妈的子宫后，能否“生根”（即“着床”）并正常发育，而不会立即流产。第三个关卡是流产，即“着床”后至分娩前，胚胎会不会由于各种原因，如严重畸形或某种或某些疾病，在不同阶段流产而前功尽弃。第四个关卡就是生下来以后的问题。克隆儿是不是死胎？会不会因各种缺陷而立即死亡或活不了几天？或者尽管还是“活”的，但显而易见的畸形或重病可断定活不了多久，或者暂时没有发现，但肯定会因发病而毁于一旦。

与后来其他动物的克隆一样，第一个关卡——“授核卵”不能存活差不多成了鬼门关！据作者被告知，90%的失败是“授核卵”不能存活造成的。

是的，“多莉”羊的代价是昂贵的。且不说牺牲了多少个精子与卵子，受精卵与早期胚，早期流产也不少见。至少有十几头羊在出生前便因严重的缺陷而流产。生下来的小羊，也有好几头因多种疾病而夭折或者被施以安乐死，存活一段时间后又有好几头夭折。最后，健康活下来的只有“多莉”一头羊。克隆“多莉”羊的科学家曾伤感地说过：“我们在圣诞节接生了一头（克隆）小羊。我们满怀希望地为它祷告；可是很快便绝望了，过了圣诞，我们只有为它选择安乐死。”如果从受精卵开始计算，一共用了277个受精卵才生下来一头“多莉”羊。成功率仅为0.4%。据报道，当时照顾出生后的“多莉”的科学家们每天似乎都提心吊胆、如履薄冰，唯恐不测而前功尽弃。6个月后，这颗悬着的心才慢慢放了下来。这就是为什么“多莉”羊在1996年7月5日出生，却是在1997年2月24日才敢发表她的出生情况的原委。到最后，也没有一天能真正放心、真正“石头落地”。

应该承认，依现在的技术水平，克隆动物从核移植到出生，成活率还不到1%。在所有做过“克隆”尝试的哺乳动物中，成功率还没有超过3%的。这样低的成功率，当然不会被反对者接受：“幸好没有用人类来做试验！”如果在那些法律规定“生命开始于受精卵”的国家，那就意味着杀害了200多条“生灵”。即使按另外一些国家的法律，“生命从受精卵后的14天开始”，那也是几十条人命。如果生下来的个体才是生命，那也是好几条人命，真是耸人听闻！

“克隆人”支持者可不是这样认为。他们说：“自然的生殖不是也造就了死胎，或早期流产吗？”

“克隆人”支持者还认为，已被公众接受的人类“体外授精”的“试管婴儿”的成功率也只有5%左右。也从受精卵开始计算，即平均一个“试管婴儿”至少要“牺牲”20来个卵；而且，为了提高成功率，通常还要同时植入两个受精卵，这样就差不多“浪费”了40多个卵。如果人类克隆技术经过“反复实验”，有可能接近这一水平，是不是到那时就可以接受“克隆人”了呢？如果是的话，那么今天就在“试管”中改进吧！当然，“克隆人”支持者不会放弃另一个“进攻性”的论点，如果接受“受精卵为生命开始”作为生命伦理学上的反对理由，那么，连已被公众

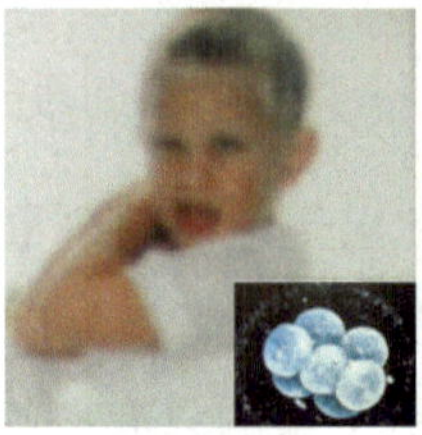

设计婴儿！

试管婴儿！

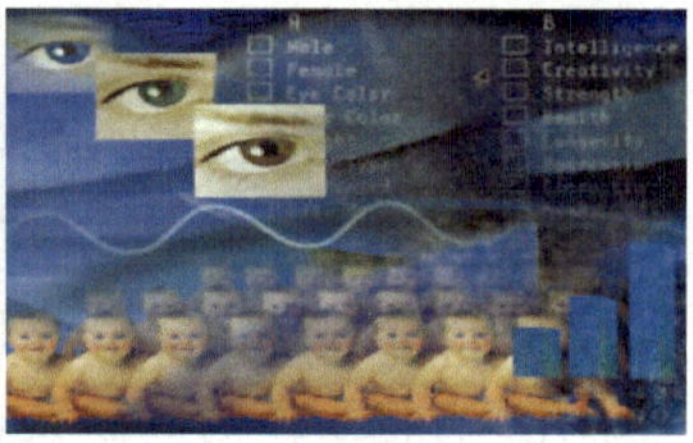

人的克隆？

接受的“人工流产”、“体外授精”与“试管婴儿”也应该重新评价。

克隆动物的畸形率

畸形率，可以说是“死不了，活不好”的“克隆”个体所占有的比例。这一问题，与前面所说的“克隆人”“蓄意制造伤残”的伦理观点有关。因为累及一生，畸形比死亡还要难以接受。一般的动物克隆实验，各种不同时期的不同畸形总数约为1/3。这是难以接受的。

“克隆人”支持者却对此不以为然。人类自然生殖的先天畸形率一般为3%，随孕妇的年龄增大（40岁以上）又会明显上升，以至于达到10%以上。这样，如果允许做更多的“克隆人”实验，肯定能在现有的基础上加以改进。到那时，是不是打算接受“克隆人”呢？

“克隆人”支持者还找到人类克隆可能反而相对容易的理由：哺乳动物是有差别的：小鼠的畸形率为12%，山羊为35%左右，狗、马等的数据正在出来。我们对人类自己更加了解，有关实验技术（如受精卵培养）更加成熟。而克隆动物的这些缺陷，多数是植入母体前的实验室培养条件造成的。而积累20多年经验的人类“试管婴儿”所用的培养条件要比所有别的动物的要成熟得多。这也是很多人居然相信“克隆人”早已“成功”出世的原因之一。

“克隆人”反对者认为，从技术上来说，现有技术所克隆的动物在流产率与缺陷方面远远高于自然生殖与“试管婴儿”，这个问题是很难在近期解决的，克隆“多莉”的维尔穆特也曾更为伤感地说：“当然，我们不能让一个（克隆）孩子（因多发畸形）立即施行安乐死。”那么，只能让他伤残终身。

“克隆人”反对者认为，在克隆动物中发现的缺陷，在克隆人中不可避免。至少有三方面原因：

第一，是遗传物质的物理或机械损伤。

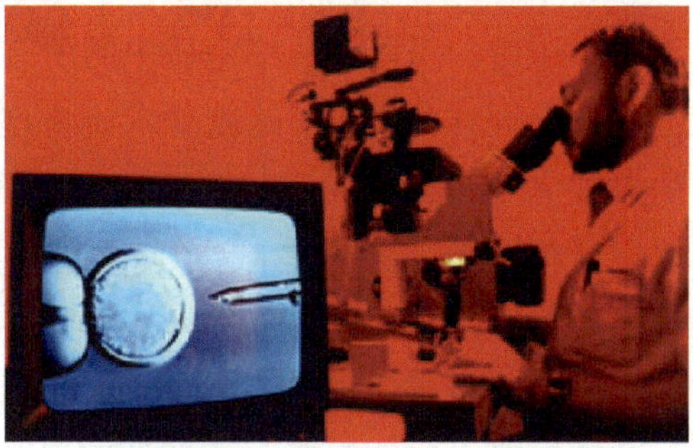

机械损伤：“克隆”的“致命伤”？

人类基因组是如此宏大。组成人类基因组的DNA链长达30亿碱基对。一个体细胞中的DNA拉出来，头尾相连接差不多有2米长。正因为以DNA为物质基础的基因非常重要，"造物主"才把高级动物细胞中的DNA用层层生物膜保护起来。

在进行克隆的过程中，科学家首先用细长的针管穿过细胞膜，进入细胞质，再把其中的细胞核吸出来。谁知道会不会把核膜撞坏一小块，或者因为机械性挤压把DNA搞破一点点，拉断几个碱基。没有人认为这是绝对不可能的。尽管从动物克隆的实际结果来看，这样的物理损伤并不那么严重。而且新建立的"手工克隆"等技术，似乎对细胞没有可见的损伤。当然，这还要看人类细胞对损伤细胞的修复能力。谁也不能过分指望人类细胞的天然的修复能力，把这些损伤修复得完好如初。毕竟，我们人类对生物细胞的修复能力还了解得很少很少。

克隆的过程是如此的复杂，还可能会把细胞核在离开细胞质的情况下裸露一会儿。谁能保证能长成一个完美无缺的细胞呢？谁也不会真正地放心！总而言之，造成不可避免的损伤的原因是"操作"造成的机械损伤与人类细胞对这类损伤的修复能力，前者难以控制，后者知之太少。

第二，成体细胞的核和与去核后的卵细胞能否友好相处？也就是"核"与"质"能否兼容？

卵的细胞质不只是提供环境与营养，更重要的是提供所有基因在不同时间、不同时空的准确表达的"调控因子"。这些东西因几十年的时间差与不同的环境因素，将带来很大的、多方面的影响，形成时间、调控的不兼容。这种情况，即使与"试管婴儿"相比，也是不可同日而语的。

生命的大合唱离不开乐谱——细胞核里的DNA与基因，也离不开演奏这一乐谱的乐队——细胞质中的所有物质。克隆不只是复制一本乐谱，还要奏出同样的乐曲。这就要求演奏这一乐谱的乐队指挥、乐器与演奏的方式完全一样！克隆的难题就在这里。如果说细胞核损伤只是乐谱的复制过程中出现的误差，这个问题也许某一天还有根据原来的模板来修补的可能。但是，即使乐谱修补好了，要找到能把这一乐谱演奏得一模一样的乐队就难了。

我们现在对细胞质中的调控因子的了解还太少太少，最能干的科学家，也还不能凭空设计并在实验室中制造出与卵细胞质一样的东西，只能借用“天然”的卵细胞质，并且要求核质建立如同自然的受精卵中的核质那样和谐的关系。这一关系是在几十亿年的进化过程中逐步完善的，要人为地让他们友好相处谈何容易。

“多莉”羊的成功要素之一，是科学家把用来取核的体细胞的周期调控到正好与将要进入的卵细胞“同步”。因为细胞核除了DNA外，里面也同样带有与基因调控有关的许多因子，这些因子只有与细胞质中的因子友好相处、“同心协力”，才能保证奏出的这一乐章不至于走调。而克隆用的体细胞与卵细胞在不同组织中不一样的环境里生活了也许几年到几十年，细胞核和细胞质如何“同步”是关键问题之一。

与“试管婴儿”相比，“克隆人”的风险要大得多。“试管婴儿”只是在体外模仿体内的自然过程。本来深藏在生精器官中的精子，现在只是在离开精液后进入卵细胞，完全沐浴于人工设计的营养环境里，不存在任何细胞核与细胞质不相容的问题。即使这样，还有一些疾病出现呢！而“克隆人”支持者认为，正因为“试管婴儿”也有这样的疾病，正好证明与克隆的核质问题无关。这就是科学技术上不同意见争论的有趣之处，同样一件事或者同样一个实验结果，可为正反双方引为各自支持的证据。

第三，DNA在体细胞中积累的变化。

人类的生殖细胞，包括精子和卵子是由身体中特殊的细胞产生的。在产生精子与卵子的过程中，整个基因组重新经过检查、修补。但在受精卵发育成一个成熟个体的几万亿个体细胞的过程中，要经过成千上万次的细胞分裂与DNA复制，完全有可能产生这样那样的错误，而体细胞不像生殖细胞那样身居身体深处，常年经“风吹雨打”，受化学、物理等因素影响的可能性要大得多。

拿肿瘤做比喻吧！肿瘤发生的机制很复杂，实际上现在知道得也很少。可是有一种理论认为体细胞积累的突变，包括体细胞调控基因的变化，是肿瘤发生的原因之一。这种理论叫做肿瘤发生的“体细胞突变说”。体细胞的变化既然可以长成肿瘤，为什么不会发生别的变化呢？而这些变化大多是有害的。

除了这样那样的变化外，可能存在的生物钟基因也可能发生变化，好像钟表会出错一样，让事情在该发生的时候不发生，不该出现的时候出现，那就必然出现紊乱。拿破仑的滑铁卢大败的原因据说不是因为没有后援，而是因为各路援兵没有在最需要的时刻、在最合适的地方到位。

体细胞的变化是不可测、不可控的，这个人与那个人因遗传与环境的不同，谁也不知道变化会发生在哪个或者哪些基因上。显然，这正是"克隆人"反对者忧心忡忡的地方。

就这样，技术上不安全，风险太大，就成了反对者的主要理由，以至于很多"克隆人"的支持者也赞成"暂时"停止"克隆人"。

"要想避免失去孩子的悲剧是要克隆人，其最可能的结果是又失去一个孩子的悲剧。"

克隆动物的"克隆病"

让我们冷静下来，与持相反观点的双方一起，来看看有哪些"克隆病"，是什么样的疾病，有没有避免或医治的可能。

在克隆动物中，出现的第一号"克隆病"叫"巨胎症"。

随着克隆动物一只又一只的相继问世，研究人员发现相当数目的克隆动物生下来时，就比"自然"生殖的动物要大得多，而且内脏器官的大小似乎也不匀称，如肾或肺脏大了一些，呼吸、循环系统都有这样那样的问题，并且还有"巨胎症"的其他症状，这些缺陷当然可能危及生命。这就给"克隆人"的健康多了几分担忧。

近几年，也许是从"试管婴儿"的接生护士那里，也传出了与此类似的问题，"试管婴儿"可能也会得"巨胎症"。"克隆人"反对者当然认为，这证明人类的克隆有很大的风险。支持者以同样的事实作为支持的理由：既然"试管婴儿"有同样的问题，为什么对"克隆人"那么苛刻？

"克隆"专家首先要把"巨胎症"弄个水落石出，他们还是用克隆动物做实验。结果发现，这一疾病的相关基因在X染色体上。我们知道，人类的女性或动物的雌性有两条X染色体，而人类的男性或动物的雄性只有一条X染色体。女性或雌性的两条X染色体中的一条上的大多数基因，在出生后就会"失活"——歇手不干了。当然，哪些基因要"失活"，哪些基因不能"失活"，那是万万不能搞错的。

科学家发现，现在用来克隆的体细胞有一条X染色体上的很多基因要"失活"而不能工作。但是，经人为的核移植得到了一个"授精卵"，又到了母体的子宫里，也许最终本应"失活"的基因没有"休息"，不应失活的基因却"罢工"了，那就整个乱套了。"基因就是病因"，动物就会生病或者畸形。

科学家真的还找到了其中的一个基因，这个基因本来是应该"失活"的，但在克隆动物体内并没有"失活"。"巨胎症"也许就是一个或几个这样没有失活的基因搞的鬼。

原因找到了，至少是其中的一个原因。尽管还没有重新调节、控制它的办法，但毕竟又前进了一步。

猴子克隆成功了！与小鼠、羊、牛相比，猴子与人类的近亲基因组更为相似。科学家发现，在克隆猴子中，与"巨胎症"相关的基因居然表现正常。尽管到今天还没有几只克隆猴子，数据还不够，但这毕竟是令人振奋的消息。"克隆人"支持者认为在技术上解决"巨胎症"还是有希望的。只要多多"克隆"，多多实验，"巨胎症"的问题一定能逐步解决。

除了"畸形"与"巨胎症"外，其他疾病呢？

在2002年初，发现"多莉"羊后腿患上了痛风性关节炎。当然"自然"出生的小羊患上此病也不少。人们不禁要问：这关节炎是从母亲那里遗传下来的吗？在"多莉"羊得病时，她的母亲还没有发现患过这种病。于是"克隆人"反对者认为这种疾病是克隆技术和克隆过程造成的。

"克隆人"支持者认为则不然，毕竟这种关节炎是羊群中的常见疾病之一，发病年龄有晚的，也可能有早的。从理论上来说，既然关节炎是"自然"生殖羊的常见疾病，那就不能认为"克隆"这一人为技术是造成该疾病的唯一原因。

别的克隆动物呢？

与人类一样，动物在一生的生命周期中患上各种各样疾病的风险都存在。自然生殖的这些动物都会有这种病、那种病，我们也不能把克隆动物新患的疾病认为都是克隆技术所造成的。这一点在"克隆人"生命伦理讨论时是非常重要的。在科学上，患病与克隆有无关系的结论，一定要有统计学的数据证明。这就是说，如果这种病在正常的、自然的羊群中的发病率为1%，那么，几头克隆羊患上这种病还可能是“偶然”现象。也许以后生下来的小羊，每只都是正常的，要求至少在观察了几百头小羊后才能下较为公正的结论。这一统计学的要求当然成了“克隆人”支持者的理由。要给“克隆人”定罪，就要多多克隆，才能肯定“克隆病”是不是与“克隆人”有关系。

克隆动物能传宗接代、益寿延年吗？

“克隆人”是否安全的另一问题是对克隆人是否有正常的生育能力的忧虑。是啊，不能让“克隆人”或“克隆动物”都成了“骡子”！

“多莉”羊曾与一只公羊交配。“多莉”羊做了幸福的妈妈，成功地生下了小羊“邦尼”(Bonnie)，后来又生下了两只小羊，至少“多莉”羊基本上可以说自己的生育能力没有问题，而且四个子女都未见异常。

那么，“多莉”羊的女儿是否有正常的生育能力呢？他们还未到成年，还不能下结论。前面说过，科学家用小鼠做了回答。一些来自世界各国的科学家在美国夏威夷已经连续克隆了三代数十只小鼠，似乎也没有生育方面的问题。

“邦尼”：“多莉”的孩子。

牛的克隆似乎也证明，克隆牛的生殖能力至今还没有明显受影响的证据。

还有一个问题是“早衰”，也就是未老先衰的问题。这个问题又由于“多莉”羊的早衰现象以及中年夭折而变得扑朔迷离，但“克隆人”的支持者与反对者又各执一词。

据现在对衰老的研究，生物衰老与基因有关。一般来说这也不难理解，因为每一物种的所有个体寿命都是相似的，如果不是天灾人祸、因故早逝的话。

但是，真实的情况是：“多莉”羊比同时出生的别的小羊要“成熟”一点，但比她的“母亲”要年轻得多。

每一个细胞都存在决定衰老的“生物钟”，一般认为在从细胞分裂时，DNA准确地复制。但是，存在这样的一个（或几个）基因，就像每一个细胞都有自己的“钟”一样，能记录下自己已经活了多久。“克隆动物”的DNA来自活了好多年的成体，要生下来像“自然”的动物一样，就要把每一细胞中的生物钟“重拨为零”。关键是这些基因是否都能这样做，特别是成体细胞在与“去核卵”重新结合时，是否能“重拨为零”。

现在发现，染色体端部的端粒中的一些重复序列，随着生物个体的衰老而变短。在体外培养的正常细胞中，也随着培养代数的增加而变短。用同样的方法来检查“多莉”羊的身体细胞，端粒重复序列真的变短了一些。“克隆人”反对者以此解释“多莉”羊的衰老是克隆本身造成的。

“克隆人”支持者认为，现在还没有足够的证据，证明端粒重复序列变短，是引起衰老的原因还是衰老引起的结果。既然已经观察到“多莉”羊衰老，变短是自然的。

还真有意思，在克隆别的动物时，真的发现端粒重新变长。这个生物钟的“重拨”是有可能的。“克隆人”支持者又高兴啦！

不管如何，衰老的问题是值得严肃考虑的。“克隆人”支持者倒找出了一个理由：早衰在人类中也存在，尽管比例很低。那么随着对衰老的研究，对这个基因的了解会更加清楚，现在只有多多克隆。如果第一个早衰，第二个又早衰，就不要再克隆了。当然，反对者会把这种说法认为是不负责任的。

公元2003年2月14日下午3点30分。时钟停止在此刻。

科学界的一颗耀眼的明星硕落了！全世界的科学家都为之伤感、为之惋息。

这颗明星就是“多莉”——第一只降临到地球上的克隆动物。

它英年早逝，享年7岁又7月又多几天。死于“渐进性肺腺瘤”。而绵羊的正常寿命为11~12岁。而肺腺瘤也仅见于衰弱的老羊。除了关节炎之外，死后解剖没有发现别的异常。

克隆动物的早衰问题又提出来了。这一阴影又笼罩在了对“克隆人”问题讨论的周围。

但是，“克隆人”支持者并不气馁。“要证明克隆动物早衰，一定要更多地克隆，直至有统计学上显著的差异”。他们倒找到了理由了呢？

“克隆人”支持者还是坚持认为，包括早衰在内的所有这些技术问题，只有通过进一步研究才能回答。特别是通过与“试管婴儿”的比较，争取在着床前或受精后14日前或“人工流产”允许的几个月内检查出来，就不必大惊小怪，并没有达到“残害生灵”的严重问题。

最后一个问题是，到什么程度才算“技术问题已解决呢”？就是说，在什么时候、什么情况下，解决了多少问题，什么问题才算“安全”问题已经解决，才可以开始“放心”地克隆呢？“克隆人”支持者要求反对者递上一张“合格表”或“时间表”。有吗？

第七章

狂热

“自我复制”难以抗拒的诱惑

在开始本章的讨论之前，一个必须说明的问题是，讨论过程中发表的任何观点都不应该简单地加以否定，更不能扣任何“帽子”，穿任何“小鞋”。现在，也许有一些人实际上内心支持“克隆人”，就是因为怕“扣帽子”、“穿小鞋”而不敢公开发表自己的支持意见。

如果我们把“克隆人”仅仅看成是“邪教”的蛊惑人心，或者是一些利欲熏心的科学家走火入魔，就过于简单了！

尽管一些邪教组织公开鼓吹“克隆人是要证明人类是外星人克隆的”；尽管有人公然主张“克隆人是一个‘人的产品’，不应被作为人看待”；尽管有人认为“克隆人虽不是邪教，却也是招灾惹祸”；尽管也有人认为“克隆人早晚会得到承认，克隆者将获得诺贝尔奖”。但是，我们没有理由认为所有的支持者都是“邪教”或“利欲熏心”或“鬼迷心窍”。尽管“克隆人”反对者居多，尽管现在“克隆人”由于各种考虑而被禁止。但“克隆人”的支持者，并不都是非理性或不负责任的。

根据媒体报道，现在“克隆”人的成本费用公开价格是20万美元。因此，也不能认为愿意出这样的高价的父母每一个人精神都有障碍，都是“疯子”。

“克隆人”反对者的生物学依据是“克隆人”将带来人类的“同质性”——千人一面。那可不是闹着玩的，人类将因多样性“逐步消失而遭灭顶之灾”。

“三剑客”：支持“克隆人”的塞维里诺·安蒂诺里（左），布里吉特·布瓦瑟利耶（中），帕诺斯·扎沃斯（右）。

"克隆人"的支持者却认为，只要社会与科学家都真正负起科学和道义的责任，并进行一定的社会管理，"克隆人"毕竟是少数，人类不会出现"克隆人"满街跑，从而影响到人类遗传多样性的地步，不能危言耸听，将夸大了的、不可能出现的事情作为现实来反对克隆人！这就是说，现在的克隆"支持"者在科学上还是认真的，在伦理上不能简单地扣"帽子"。

为了孩子——"克隆人"支持者如是说

"克隆人"支持者认为，"克隆人"如同"试管婴儿"一样，是一种辅助生殖的技术，可以治疗"不孕症"。用他们的话说，"克隆人"才是真正的"治疗性克隆"。

作为平常百姓，也许不容易很准确地界定人类生殖的意义。想要孩子是作为生物的人的繁殖后代的"天性"，还是作为社会的人的义务与权利？

"不育症"已成为影响家庭和睦和幸福的一道阴影。目前全球已婚男女"不育症"至少有5000万～8000万；我国的不育症发病率为7%～10%，不育家庭大约有1000万个，并因环境的逐步恶化或者难以明了的原因而呈上升趋势。据统计，男女单方因素各占1/3，双方因素又占1/3，还有5%～8%的原因至今不明。有专家认为，在本世纪不育症将成为仅次于肿瘤和心脑疾病的第三大疾病。

"不育症"要不要治疗？也许有人说这个地球上人口太多了，少生还来不及，为啥还要治疗。也许他们希望不育症患者不要后代更好。也许有人很轻松地劝说那些想要而还没有孩子的父母接受没有孩子的事实。但如果他们自己也属于没有孩子而又想要的人，恐怕再那么想就不容易了！不过，大多数人很容易理解想要孩子而又由于各种原因不能生孩子的父母的迫切愿望。社会也确实要保护那些与所有夫妇一样具有生育的权利、却没有生育的能力的夫妇的权利。

也许另一些人很轻松地劝说不育症家庭领养别人的孩子，这在很多国家，包括中国，也是被很多人所接受的。有了领养之后，才产生了"生物学父（母）亲"与"社会学父（母）亲"的问题。

我们很难简单地说，所有想要孩子的人只是有着希望让自己一套基因继承下去的一种"自私"的想法；我们也不想用"血缘是维系家庭成员感情的基础"这样平白的说法来解释。也许这根本无需解释。

前面提到过，古往今来，凡有王室的国家都曾通过一定的法律，如王位、爵位等继承的严格规定，更加强了"自己的孩子"与"家族基因传递"的观念。似乎很少君主国家可以接受毫无血缘联系的"领养"的孩子来继承王位的。在我国，乾隆皇帝是否是真正的清朝王脉一直有人议论，连孔夫子的孔家也有过"真假血统"的传闻。

当然，"领养"又有"资源"的问题。近年来，一些发达国家的家庭到发展中国家领养弃婴或者孤儿的现象较为常见。如美国人领养中国婴儿至少达3万多人（至2005年），这些弃婴往往是由于性别歧视或者是患先天性疾病被遗弃的。对这些弃婴儿的关爱和收养无疑是人道主义的体现，但从另一角度来看，却被认为是对抛弃女婴和残疾婴儿现象的纵容与鼓励。

正因为这样，"生育养育自己的孩子"作为一种合理、合情、合法的自然要求，又变成了对技术的需求，同时也引起生育技术向两端分化：一方面是通过愈来愈方便和安全的节育措施来防止意外或"不乐意"的妊娠；另一方面是以现代技术来医治不孕症以得到自己梦寐以求的孩子。

"试管婴儿"已被广泛地接受为"治疗"不育症的一种手段。尽管有人特地创造了"辅助生殖"以示与一般定义的"医疗"有所区别。但是，这在客观上还是改变了"治疗"的含义，用得到同样一个产品（孩子），而越过了治疗疾病这个过程。正因为这样，支持者无不引证"试管婴儿"被接受的历史事实，来预言不远或很远的将来，"克隆人"也将被同样接受。

"克隆人"能否为社会接受的关键问题之一是"克隆人"身份的问题。"克隆人"支持者的生物学依据是克隆人只是一个晚出生了几年或几十年的"同卵双生"子，并没有什么特殊之处，因此在社会上地位或身份并没有任何麻烦。将"克隆人"定义为被克隆者的孩子，甚至是年龄相差较大的弟妹，不存在任何麻烦的地方。克隆人当然享有一个正常人的所有尊严、权利与完整性。

如何对待把“克隆人”看成怪物或另类而加以歧视的可能性呢？

一部分对“克隆人”歧视是完全可能的，就像各种别的歧视一样。但是，我们的社会已经非常宽容。如同性恋并没有在所有地方被所有人歧视的事实一样。最容易的、切实有效的方法是暂时隐瞒“克隆人”的身份，或者等到合法的成人年龄时，再私下言明，让“克隆人”自行选择。这一方法已为有效保护养子、“婚前”与“婚外”孩子所证明。有什么可以担心的呢？只要社会制止对“克隆人”验明正身、公布身份的非分要求。

对于保护人类的尊严与权利，支持者认为帮助不孕症的患者正是对这些人的尊严、权利以及完整性的尊重与保护。至于被克隆者有没有权利让自己的“克隆儿”来做试验的问题，支持者认为：人工流产的合法化已经意味着母亲的权利——包括要不要孩子的权利，已经证明母亲是有这种权利的。

除了作为辅助生殖的医疗手段外，支持者认为“克隆人”正是人性化的具体体现，很难予以非议：

我们这个社会还有太多的突发灾难和悲剧，而人类又有太多难以割舍的血脉浓情！生离死别，无疑是人类最大的痛苦，难道我们就没有恻隐之心吗？

一个天真可爱的小孩或者风华正茂的学子突然被发现得了白血病——一种血液系统的不治之症！医生给出的最好治疗方案是骨髓移植。而这时检查了他的所有亲属，并找遍全世界所有的生命银行——骨髓库，竟没有一个与他的HLA相匹配的爱心供者！他的父母不能接受眼睁睁地看着孩子死去的痛苦。在绝望之中，难道不能向科学求助，采用“克隆人”这一技术吗？“克隆人”的配型将与病人完全一样，因而带来全新的希望。这有什么可以谴责的理由？“设计婴儿”已经被悄悄地接受。到底与“克隆人”有什么本质上的差别呢？

如果一个中年才得贵子的父亲目睹自己的孩子在一次车祸中丧生，这样的悲痛欲绝，是没有这样经历的人很能想像的！痛苦将如影相随，直至生命的尽头。难道我们眼看着痛苦一点一点地吞噬他的健康和全部的生命，却不能允许他重新拥有一个孩子？难道就因为这一孩子与已失去的孩子在遗传上的一样，所以就不能出生吗？不管从法律、社会或伦理角度恐怕都不能以理服人。

让我们举一个例子吧！

7岁的奥尔加姑娘居住在澳大利亚的悉尼市，她聪明活泼，是爸爸、妈妈永远的“心肝肉”和“开心果”。刚刚过完生日的一天，她突然从家里的窗子掉下地面，当即因重伤而死亡。她的妈妈塔雅，一位事业有成的电脑程序员，悲痛欲绝，整整一个星期一言不发。“失去女儿奥尔加，我的生命从此变得毫无意义。”她说，“失去孩子的痛楚在父母的心头将永远挥之不去。”

塔雅夫妇含着眼泪埋葬完孩子之后，就做出克隆女儿的决定。他们收集到奥尔加几缕长发和三颗几年前换下的乳牙，便开始请教有关科学家，他们想知道牙齿中是否能提取到DNA，并克隆出她心爱的女儿。“理论上是可行的，但实践中并不可行。”这样的答案使他们再次陷入痛苦的深渊。

塔雅夫妇仍然很年轻，他们有机会再生另外一个孩子，但奥尔加是他们唯一想要的孩子！

塔雅说：“我知道现在克隆一个与奥尔加一模一样的女儿不可能。但我们希望能够克隆她，或者至少看起来像奥尔加。这样，她的成长，就会使我们如同看到奥尔加一样！”

克隆一个孩子，让悲痛欲绝的人重新获得幸福和喜悦，这样的想法错在哪里？

为什么我们的法律允许一些人流产一个正常胎儿，而不允许我们创造一个一样正常的婴儿呢？

一对恩爱有加的夫妻因为身患癌症而不能生育，医生的妙手仁心曾让他们暂时躲过了癌症的魔掌。劫后余生，他们同时感到只有孩子是他们生死不渝的爱的见证。为什么不能让他们同其他平常夫妇一样得到一个孩子呢？为什么不能求助克隆技术给他们一个孩子？

同性恋者，经过他们这个群体共同与世俗抗争，终于获得一些国家法律认同的生活方式（2000年美国、英国、荷兰分别通过相关的同性恋保护法）。为什么他们不能选择一种“科学”的方式，像其他人一样拥有自己的孩子呢？

另外，如果一个儿子对死去的母亲悲痛不已，一定要克隆自己的母亲，并以“母爱”般的感情待她一生，以报答母亲的养育之恩，这也许对别人来说是荒唐的。如果他自己不加张扬，即便那些不接受的人有什么不安，把对母亲的爱与对孩子的爱结合起来，这与“乱伦”是有天壤之别的。

世界上还真有这样的事情！看下面的例子：

“我要克隆我的妈妈，她生前一辈子含辛茹苦地照顾我们，我要亲自照顾她一生，来报答她的生育之恩。”

这是一位丧失母亲的中年职业男士今生最大的心愿。

“我不在意别人认为我与‘她’是什么关系，我心目中‘她’仍是我的妈妈，你可以认为我是精神异常！但事实上我的理智很清醒。到‘她’长大后，我真的认为我还是像我妈妈生前一样，尊敬‘她’的一切选择，如果‘她’真的继承了我妈妈的什么，我愿意当‘她’的儿子；我妈妈比我还要年轻，这只能使‘她’自豪无比！”

这就是比尔，美国加利福尼亚州的一名律师，一位将要做爸爸的40岁职业男士，他对克隆的所有过程了如指掌。并非他失去了孩子，想克隆一个宝贝娃娃，而是他的妈妈患胰腺癌，将要逝去，他特别希望能够“克隆”妈妈！并把这种想法告诉家人，但没有告诉妈妈本人，以免她认为大家已经对她放弃治疗。

比尔现在的目标是尽可能多地收集妈妈的活组织标本，以待来日克隆技术完善并开禁时，并且社会能够接受的时候付诸行动。不久前，比尔的妈妈病情恶化，危在旦夕，家人决定将此计划告诉妈妈，以取得她的配合。同时，比尔也已经与两家保存组织的实验室取得了联系。比尔说：“我还准备与在美国有同样想法的很多人取得联系。看起来有点像地下活动，但目前公开宣布的话，还有点为时太早，可能成为别人攻击的目标，就像临床上的胎儿流产。”

一个患有家族性遗传性疾病的青年人刚刚猝然去世，为什么不能按照他的遗愿，用他的细胞克隆一个孩子？这个克隆的孩子，也许他的细胞或骨髓，将来有一天成为他们家族中其他患者的救星。

为什么我们不能用他的死来换取家族中的其他成员的生呢？

这听起来非常荒唐的话，仔细想来，也未必怪诞。

面对这些对克隆的呼求，大家愕然了！

唯一能说服他们接受不要克隆的理由，只有把我们自己也置于他们的痛苦之中！然而命运又是不可能相互馈赠的，一个幸运的人是不可能让不幸的人信服他们的说教的。

难怪有人宣称：已经有50个妇女排队要求孕育克隆婴儿。

同样是基于这样的技术及安全上的理由，“克隆人”支持者认为“克隆人”是符合伦理的，理由有：从人类的尊严来说，克隆人只是一个推迟出生的“同卵双生”。接受与保护“克隆人”与保护“同卵双生”没有根本性的区别。从人类权利来说，人类克隆为那些与别的父母一样享有生殖权利、而又由于“不平等”的原因不具有生殖能力的父母提供了一种可供选择的新的生殖方式，促进了人类平等。从生物学意义来说，人类克隆仅仅是辅助的、昂贵的生殖方式，它不能被夸大为普遍的替代方式而影响人类的多样性。它对未来的可能冲击与带来的社会问题不大可能比越来越被接受的“同性恋”、“借腹生殖”、“试管婴儿”真的会大多少。“克隆人”正像所有科学的新技术一样只是对人类提出了新的挑战！人类既然已经接受很多挑战，为什么唯独将这一技术视为洪水猛兽呢？

在这样的高声呼求之下，也许我们面临更为糟糕的情形：如果法律不允许，社会不接受，有些人只好偷偷地克隆，并且让克隆人悄悄地生活在我们的身边！

所有我们担心的照样存在，在“地下”非法做的所谓“不合法”的事情，肯定比公开的“违法”还要黑暗。大家道貌岸然地讨论克隆的危害时，居然忘了科学家是在牺牲了277个羔羊的“生命”，并且是在“多莉”羊出生7个月时才公布！

大家难道不想一想，是不是会有人这样做。

发现总是在发生或者发表之前。谁能知道科学家在研究发表之前的发现呢！

既然如此，为什么不让克隆人公开呢？当然，要加以严格的批准与监督程序。也只有这样，才能避免“克隆人”满街跑，才能防止两个“克隆人”谈情说爱。

很有意思的是,"克隆人"支持者声称:所有反对克隆的人都是有生育能力的人!要么是有生育能力,本来就不要孩子的!你们的孩子可以有你们俩人的基因,为什么他们的孩子不能有他们俩人中一人的基因?当然,也许明天会有一些的确无生育能力,但又坚决反对"克隆人"者。笔者就曾碰到一群遗传病人,一半支持产前基因诊断,另一半则坚决反对,因为那样等于将他们归于"不能出生"的一类人或"不配出生"的一类人中。

我们中有人愿意在死后留下活细胞,并留下遗嘱,这是他的意愿:细胞克隆——完全是为了救别人的命。所有的克隆都是自己的,为什么不能这样克隆自己?难道人类作为夫妻,可以决定自己孩子的出生;作为个人,为什么不能决定自己的出生或再生呢?

对于生殖学专家和其他相关领域的专家来说,给需要者带来了生命的喜悦,是他们最大的幸福和骄傲。

如果这样的研究和做法与社会的某些法规相冲突,要被给以重罚,那么,他们当中的有些人将愿意赔上他们的所有家产,甚至愿意接受牢狱之罚!因为他们从研究之中得到满足——那些得到了喜悦、幸福和克隆生命的人,将给予他们无尽的感谢!

如果反对"克隆人"者认为:克隆儿与他的父亲或者目前并不完全一样。我们从来就不希望一样,不一样更好!就像一对双生子,既非常相像,又存在差异!

如果认为"克隆人"需要有关部门预先批准,那么请查证一下,不久以前第一个"试管婴儿",第一个"精子注入",第一个心脏移植,哪一个是预先经过批准的?只要事实证明为人类带来幸福,最后一定会被广泛接受。

如果"克隆人"真的出了差错——畸形、异常,并不十分奇怪。"自然"孕育的婴儿之中也有一定比例的出生缺陷。也如同制造机器的机械师,在成千上万的产品之中,难免出现一个废品。如果"克隆人"真的出了缺陷,研究者或父母愿意为之受罚!

因为科学家并不是有意制造痛苦!仅仅是一种不可预测的技术事故,如同航天飞机失事,或者手术意外失败。科学家从来没有因为事故停止对宇宙的探索，外科医生也从来没有因为手术失败停止救死扶伤。

因此，“克隆人”本身不是一个伦理问题！因为如果什么都不能做，那就没有讨论的必要。讨论伦理问题，是有了这一问题以后，如何用更好的方法坚持伦理学原则。

最极端的话，莫过于他们说的：“反对‘克隆人’的人才是真正的魔鬼！他们把与死魔抗争的求生者贬为魔鬼，他们是把自己置于魔鬼的立场上了！”

那些得到克隆孩子的人，将永远感谢“克隆”研究者！是他们给他或者她送来了朝思暮想的孩子。

每一个人都有权利拥有自己的孩子。克隆一个死者——让死亡的人复活有什么错？

世界上只有杀人偿命，哪有“生人有罪”的道理？等着吧，当那一天到来，当把第一个“克隆人”摆在照相机的镜头前，反对克隆者将面面相觑。

如果因为“克隆人”出差错而反对克隆人，那我们要管的事就太多啦！几百万孕妇在抽烟，在喝酒，甚至在吸毒，不得不在不良环境中工作，我们都清楚地知道这对于婴儿的风险，我们也知道母亲不能强迫孩子接受这一风险；如果认为有风险而不许克隆，那么首先就要把孕妇吸烟、饮酒问题也立法管制！

我们中的一些人并不是希望自己真的长生不老，可是用他们的细胞来克隆，可以延续那么多人的生命，将死而无憾，永垂青史，何罪之有？

生殖方式的选择完全是个人的事，可以说是个人与生俱来的权利，为什么需要喋喋不休的政治家或道貌岸然的伦理学家来干涉？

失去了孩子的父母，终日以泪洗面，在痛苦的折磨中早生华发。以前没有办法，科学家为此而汗颜。现在有了，为什么我们没有权利以自己选择的方式来解除一辈子的痛苦？

从技术发展历史上来讲，并不是所有的技术都被应用。但是，一旦相对便宜的技术问世，一旦几千个实验室都有这能力使用，一旦一部分人认为利大于弊，这一技术的应用市场就会形成，即使开始时并不为社会所鼓励、不为法律所允许，对付这一技术或任何别的东西便不那么容易了。当然，我们可以说，我们照样不停止我们的反对，就像我们反对文物走私、滥用毒品，以至于战争、ABC 武器一样（原子、生物、化学武器）。至于联合国讨论"克隆人"问题，真是荒唐透顶！简直是拿全世界的纳税人的钱开玩笑："克隆人"真的像原子弹那样能毁灭人类吗？

运动员使用兴奋剂就是一个例子。随着新技术和运动医学的发展，新型的兴奋剂，包括基因或者生物兴奋剂，将不断出现，其用量更微，作用肯定更有效，对运动员肌体的副作用更小。但是检测也相对更加困难。

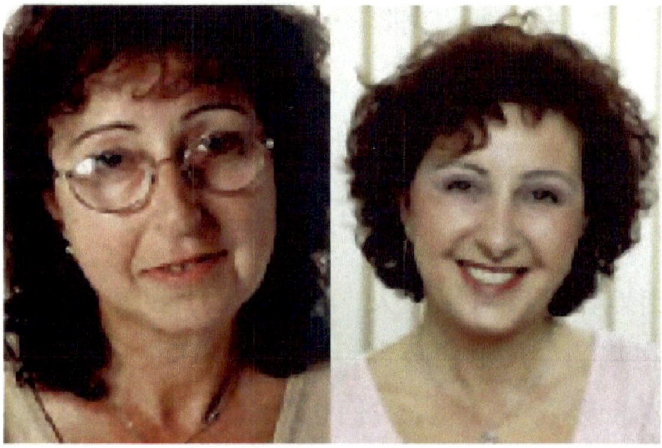
整容与"克隆"：同样的需求？

有些技术确实很难预测。以整容来说，1994 年英国的中等阶层的平均年收入为 3.8 万美元，但在40万整容的大军中，居然有 2/3 的人来自年低收入的家庭，这是很值得深思的。既然连整容这样非生活所需的技术都趋之若鹜，那么像克隆这样的新东西会被拒绝吗？更何况克隆本身在医疗方面具有巨大的前景。

但是也不能说一般人的选择都是不负责任的。如对产前的性别诊断，大多数人都认为不应选择，如这种选择尽管是个人行为，但一段时间之后会造成男女比例失调，引起严重的社会问题，也会被公众拒绝。

人类的历史并不是自我约束的历史，文明落地从来就是"反自然"的。但是我们现在面临的选择是：我们在对人类自身和对自然的认识越来越深化、与自然的联系越来越强时，是进一步剥夺自然，还是建立人类与自然更为和谐的关系？

邪教——“克隆人”讨论中的噪音

据说早在2001年，在联合国教科文组织召开的一次讨论“克隆人”的会议上，一位代表提出这样一个问题，“第一个‘克隆人’有没有可能已经问世呢？”

又是一个难以回答的问题。

有趣的是，确有好几次有人宣布“克隆人”的出生。不幸的还不尽是真假的问题，而是邪教组织的参与。这使原本复杂的“克隆人”变得更加复杂。

反对者把支持“克隆人”的观点，归结于受邪教的影响，也不是完全没有理由的，尽管我们也同样认为也许这是一种巧合：公开声称要“克隆人”，并且一而再、再而三地制造新闻的真是一个“邪教”组织。

“雷尔教”在法国被认为是道道地地的“邪教”，并且难以生存。而在加拿大的魁北克却能安营扎寨，他们的头目人物还被邀请到美国的国会听证。

这个具有宗教性质的派别的创立者沃里隆曾是一个汽车杂志的记者，他自己也是一位赛车手。据他自己说，1973年12月的某一天，他曾接待过一位“外星人”的来访，他把这位外星人描述得活灵活现：身高3英尺，黑头发，橄榄色皮肤。沃里隆还告诉人们，他自己就是外星人的儿子。他说他曾乘上了那艘飞船，到茫茫宇宙的“某个”角落，拜访了基督教主耶稣、佛教主释迦牟尼，还有几千年前的其他宗教的创立者。他说那个外星人告诉他，这个地球上的人类，都是星际间最智慧的“外星人”克隆的产品。第一个坐“飞碟”到访地球的“外星人”是一个在百万年前的克隆产品。他声称要用“克隆人”来证明“外星人”的存在，并使人类通过一代一代的克隆来获得永生。而他自己呢，是“第二次与世”的第一人。他说他自己相信，

邪教：与“克隆人”相关？

外星人——他称为“阿多哈”，在世界大同时将返回耶路撒冷。他还说他要为迎接外星人做好准备。后来，沃里隆摇身一变成了“雷尔”，此教便被称为“雷尔教”。由于法国政府不允许这类邪教的活动，雷尔在1997年成立了一个公司，称作“克隆爱德”，也有人据其意而称其为“克隆援助”。这个世界上第一家专门从事克隆人的公司，设在美国的拉斯维加斯附近。这个被称为“沙漠中的绿洲”的城市以世界上最大的赌博业而闻名于世。

雷尔教：与“克隆人”相关？

“克隆爱德”也曾向外界宣扬过他们神秘的实验室如何先进。实际上，只有那些在别的遗传工程或“试管婴儿”实验室可以看到的一般的设备。有的科学家认为，这些设备是制造不出“克隆人”的，要么是在吹嘘，要么另有所图。他们的网站上还有他们的工作人员在实验室里忙忙碌碌的镜头，尽管看不清楚他们在忙些什么。

“克隆爱德”对外声称它的负责人是一位名叫玛格丽特·博依赛莱尔的女科学家。在她声称世界上第一个“克隆儿”问世时，著名的《科学》杂志曾发表了一则短小的有关博依赛莱尔的报道，标题冠以“克隆皇后——两个博士学位的拥有者”，并配有她的照片，但是文中没有直接提起“克隆儿”。博依赛莱尔确实拥有两个化学博士学位，还曾担任过法国一家化工公司的市场经理。支持者与拥护者都认为她是勤学、上进的科学家，反对者或不信任者则声称博依赛莱尔的专业、经历与“克隆人”毫不相关。

博依赛莱尔于2000年8月曾宣称：她们在一个秘密的地方克隆了一个男婴。这名男婴在出生10个月后因故死亡。

这位44岁的科学家说，克隆胚胎的工作预计将于几年后进行，并将向外界公开。已故男婴的父亲将提供20万美元作为克隆的经费。她们将在一个克隆“合法”的国家里进行这项计划。她说：“我们已拥有进行克隆所必需的技术。”她还表示已有数名不育症患者与她取得了联系，要求采用克隆技术使她们拥有自己的孩子。

她现在声称自己是“雷尔教”的主教，但又这样解释她的“克隆爱德”与“雷尔教”的关系：“我们只有哲学上的认同，没有经济上的联系。”

第一个“克隆人”——“邪教”的“私生子”

2002年12月19日，“克隆爱德”宣布第一个“克隆人”将于圣诞节前后出生。12月26日的圣诞假期中，美国以至于全世界的有影响的大报纸、通讯社都转发了“克隆爱德”在一个新闻招待会上发布的消息：第一个克隆人——一个名为“夏娃”的女孩诞生了。

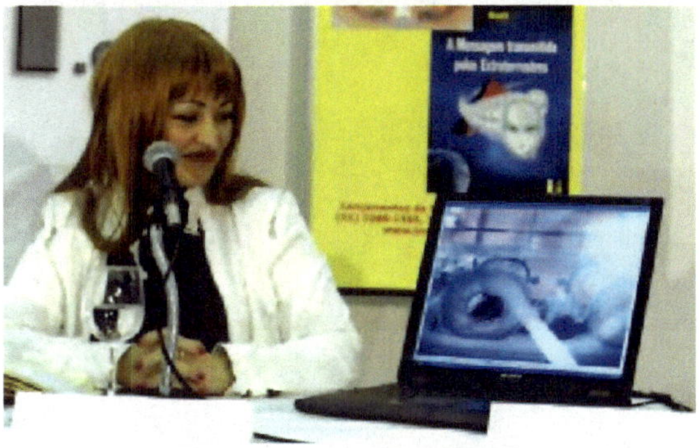

克隆人出生的新闻发布会。

这一新闻发布会是2002年12月27日在美国佛罗里达州的好莱坞城的一个大酒店举行的。“夏娃”与她的父母没有露面，但“克隆爱德”的一位发言人宣布，他们将用DNA指纹来验证“夏娃”确确实实是第一位“克隆人”，她的基因将与她的母亲一模一样。这项“验证”工作，将由一个“独立”的DNA鉴定小组来承担，其结果将于2003年2月9日公布。

接下来数周，整个世界的舆论好像都在跟踪有关“夏娃”的蛛丝马迹。后来发生的事情却是戏剧性的：

“克隆爱德”宣布夏娃与她的母亲将于12月30日乘坐飞机从一个不透露地点的出生地回到美国的家中。美国国务院还认真地为“夏娃”能否领发美国护照而大伤脑筋。因为平常一个美国母亲生下来的孩子，不管在地球上哪个国家，只要有该医院的“出生证明”，便可向当地的或任何一个地方的美国领事馆申请美国护照。即使是领养的孩子，也可凭相关手续办好护照。而“夏娃”作为“克隆人”是否能够自然地具有美国身份呢？

“克隆婴儿将面临出身和国籍等问题，如果和生母在基因上没有任何关系，这些问题将更加突出。”这显然是不公平的。佛罗里达州的一个地方法院认为在这样的情况下，他们可以用“保护”的名义把“夏娃”从她生母手中接管。

2003年1月4日，“克隆爱德”声称第二个“克隆女”在欧洲一个国家（后公布是在荷兰）诞生。这位“克隆女”的“父母”是一对同性恋者。这名克隆女婴于3日晚当地时间10点左右诞生。克隆女婴体重略轻，重2.7千克，是通过自然分娩方式——而不是剖腹产出生的。目前克隆女婴和其“母亲”身体状况都不错。荷兰政府有关部门又风声鹤唳，马上展开调查。而双方最后还是不了了之。

煞有其事："克隆爱德"的律师就克隆人问题接受采访。

数天之后，“克隆爱德”声称第三个“克隆儿”在日本出生。这次被克隆的是一个男孩，他是用一个两年前死于车祸的男孩生前冷冻的细胞“克隆”的。日本政府声称与美国的联邦调查局一起调查，结果也石沉大海。

没多久，“克隆爱德”又发布了一个耸人听闻的消息：五个“雷尔教”女信徒已经自愿接受克隆人胚的植入，同时声称他们已经得到了300多个“克隆人”胚胎，随时可供植入体内之用。如果是真的，一个大规模的“克隆人”计划正在实施。

第一个“克隆人”——真假难辨

“克隆爱德”所说的“独立”的DNA鉴定小组后来被披露。领头的是一位美国记者。这位记者曾声称自己拥有证明“克隆爱德”公司已“克隆了人”的真实镜头，并待价而沽。没有过几天，他又宣布他与“克隆爱德”的合作“流产”。而“克隆爱德”又以保护“夏娃”和她的母亲的“隐私”为理由，用“夏娃”母亲的名义宣布不再进行DNA检查。这个令全世界喧嚣的故事到此出人意料、毫无结果地戛然而止！

“克隆人”的消息自然引起了全球科学界的注意。谨慎的科学家认为，这些人都没有真正“克隆”方面的经验。但“雷尔教”是个神秘的组织，手中有不少钱，请到真正有能力“克隆人”的科学家并不困难。但有的科学家大胆指出：博依赛莱尔完全是说胡话！美国霍普金斯大学一位著名教授说：“如果‘克隆人’这么简单，那就让我惊讶了。”曾经参与克隆出人胚干细胞的美国“先进细胞技术公司”的医疗开发部主任也说：“如果这是真的，这一项目将是‘绝对恐怖、不安全、不道德’的，并会对真正的‘治疗性克隆’造成损害。”法国的一位科学家认为：“‘雷尔教’派的说法缺少证据，而在科学领域，没有足够证据即属鼓噪宣传。”德国妇科与助产医师协会的主席指出：“尽管‘克隆人’从技术上来说并非不可能，但绝不是件非常简单的事情。”就连前不久声称要帮助产下克隆婴儿的意大利医生安蒂诺里也不相信，称这种消息“让我发笑，也不会使我惊讶，这只能在进行严肃科学研究的人和假科学家之间制造混乱。”

新闻界的难题——如何界定“邪教”

在有关“夏娃”的报道中，如何妥善处理“克隆人”与“邪教”的关系，真是令人绞尽脑汁。

如果把“夏娃”的出生与“雷尔教”过于紧密地联系起来，很多民众与科学家会产生对“克隆”的厌恶而认为“克隆”根本不是科学。

如果不报道“夏娃”的出生与“雷尔教”的关系，新闻媒体又害怕公众会批评它们没有报道事情的全部真相。因此，聪明的记者只好使用中性的词汇来称呼“雷尔教”，也用中性的词汇来描述“夏娃”的出生与他们的关系。

当然，多数人认为，即使“克隆人”真的问世，也与“邪教”毫无关系。不管“雷尔教”是否宣称是他们用“外星人”的特异功能将“克隆人”“吹”到这个世界上来，我们也绝对相信“克隆人”是科学家用科学技术精心培育的，他们遵循的仍是自然界的规律，这些规律是大家可以理解的。

这些可爱的记者们既不想给“克隆人”有关的人戴上一顶帽子，也不想直接使用现有的相关词汇。

美联社的一位报道“夏娃”的记者就曾对着他那高级的手提电脑屏幕发愣过。他的写作速度为同事们所羡慕，通常只会看到一串串的英文字母在他那十个手指的协调敲击中一个接着一个地蹦出来。作为一个世界级的通讯社的科学记者，没有快速写作能力与打字天赋，恐怕是要丢饭碗的。但是，在那一天——令人难忘的2002年12月26日，他却坐在电脑前任自己思想的野马肆意奔腾，任意发挥……第一篇稿子已经发上了互联网，肯定已为成千上万的读者所阅读，要不要修改呢？

这也许是新闻史上的一个奇例，本来最简单的、不过是一个描述性的句子：什么人，什么单位，做了什么事？……最明了不过地宣布一个人出生，却令他绞尽脑汁。

尽管在网络上很容易被修改后的稿子所替代而成为永远没有人知道的历史。但一些有心人却把这同一句子在1小时内的不同修改稿全都下载了：

“一个与以‘UFO’为基础的宗教团体密切有关的科学家”

“一位属于一个相信地球上的生命是外星人创造的派别的化学家”

“一个相信地球上的生命是外星人创造的派别的成员”

“一个与一个相信地球上的生命是外星人创造的团体有联系的化学家”

……

我们特别搜集了这些不同的描述，看样子，这样一件小事——写实报道——却使这些记者心劳日拙。

此人：科学家、化学家。

此组织：

一个公司（company）

一个团体（group）

一个宗教团体（religious group）

一个宗教派别（sect）

一个宗教派别的公司（sect company）

一个有争议的派别（a controversial sect）

一个“性爱自由”的团体（a free-love group）

一个“极端宗教团体”（a fringe religious group）

一个“以UFO为基础”的宗教团体（a religious group based on UFO）

一个邪教（a cult）

一个千年轮回邪教（a millennial cult）

而描述这位科学家与这一团体的关系便更难了。让我们看看：

belonging to（属于）

connected to（有联络的）

linked to（有联系的）

associated to（相关的）

tied to...（有紧密联系的……）

看样子，辛辛苦苦的记者们认真地想把科学与“邪教”分开。但如此掂量、闪烁其词，正说明他们实在难于界定。

对于“克隆人”的支持者和研究者来说，“邪教”的参与具有极大的破坏性。“这是科学史上多么令人悲伤的一天。”在接受《纽约时报》记者采访时，美国“先进技术细胞公司”的代表说，“那些人自己做的事既骇人听闻又不负责任。无论这是否是真的，他们都极大地伤害了我们科学界的所有同仁。”他担心，以这一事件为导火索，政府将会禁止所有形式的克隆，而这无疑便是宣判了他们所从事的克隆研究的死刑。与之处境相类似的，还有许多从事干细胞研究的科学家们。

然而从另一个角度看，即使“雷尔教”派声称的“克隆人”是一个谎言，也达到了他的另一个目的，即推动了所谓“克隆人”的进程。那些比“雷尔教”更为高明的人或组织正在加快他们的步伐，他们不顾生命伦理，不顾目前克隆技术存在的重大缺陷，铤而走险。而一些科学家也跃跃欲试，试图克隆人类而领到他们梦寐以求的"诺贝尔"奖金。

"克隆爱德"的"克隆人"消息，到底是确有其事，只是因隐情而不敢完全公开，还是像他们所说的是基于现实的考虑而收回原先让"夏娃"露面并公布DNA检查结果，或是一个彻头彻尾的精心策划的骗局，还有待历史来证明，尽管骗局或"闹局"的可能性最大。这一闹剧的直接结果是全体反对者组成了广泛的"统一战线"，加快了封杀"克隆人"的步伐。

第八章

现实

“克隆人”离我们到底多远

关于“克隆人”的讨论，上至很多国家的议会，下至广大民众，几乎把所有的社会团体都卷了进来。这一讨论反映了当今世界的一个潮流：关系到我们大家的事，应该让我们大家来讨论。这使我们联想到对“转基因作物与食物”的较为普遍的反对。很多人说，他们反对的原因是不能让“科学家”或自称为“专家”者制造的“事实”强加于社会，也不能让他们的观点强加于民众。这也许与现在很多人深恶痛绝的“反科学潮流”不无关系。

尽管“多莉”羊的诞生，离真正的克隆人还很远，却在一部分公众中引起了激烈的对“克隆人”的反对，如果说公众对它的反响只是出于某些人“人为”制造的恐慌，恐怕太过于简单！应该肯定：这一反响在某种程度上体现了民众对科学所可能带来的社会影响所产生的敏感与忧虑。

大众的意见——反对者居多

客观地说，迄今为止“克隆人”反对者的呼声要比支持者的呼声大得多。请看下面两则较有代表性的“民意测验”：

反对“克隆人”！

2001年《时代周刊》和美国新闻网络（CNN）联合调查表明：

◆ 90%的人认为“克隆人”是一个坏主意；

◆ 69%的人认为“克隆人”违背“造物主”的意志；

◆ 67%的人认为克隆动物是一个坏主意；

◆ 45%的人相信未来10年有可能克隆人。

除了第二条可能被国人斥之为"受宗教的影响"，或认为调查对象的信教者太多。应该说总体上是有代表性的。

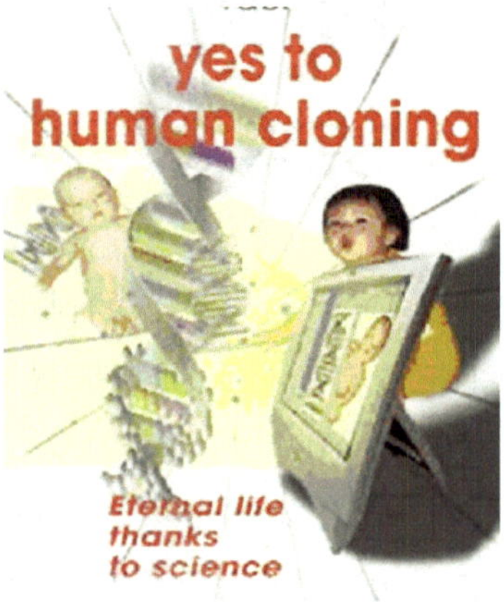

支持："因科学而永生"！

两年之后，尽管对克隆人的态度有所开放，但仍有大于80%的人持反对意见。下面是2003年1月由一家民意调查公司在加拿大对1500人所进行的调查结果，他们特别作了年龄的分组：

◆ 不同年龄组平均有84%的人反对"克隆人"，5%的人支持"克隆人"；

◆ 在65岁以上的年龄组93%的人反对"克隆人"，2%的人支持"克隆人"；

◆ 18～24岁的年龄组的人15%支持"克隆人"；

◆ 11%的人不知道答案或者拒绝回答。

看来，绝大部分加拿大民众都反对"克隆人"。

此项调查还表明，年轻人对人类克隆的态度最为开放。15%的18～24岁的年轻人赞成"克隆人"，而在65岁以上的人中，则只有2%的人赞成"克隆人"。如果这样的调查在几十年后再进行一次，支持率会发生什么变化呢？

另外，这项调查还表明，30%的加拿大人认为联邦政府应该立法禁止任何形式的人类克隆。有意思的是，52%人认为只应该禁止克隆那些还活着的人们。还有7%的人认为不应该立法，尽管这一调查没有说明他们不赞成立法的原因。但有53%的民众赞成进行"人胚干细胞"用于器官移植等方面的"医疗性克隆研究"，有32%的人对此持否定态度。其他各个国家的"民意测验"的结果也很相似。

"反对克隆人"这一提法也许本身应该首先澄清。我们猜想大多数人的本意是反对克隆人的企图与实验，而不是反对"克隆出来的人"。反对者在呼吁惩办参与研究的科学家或者医生的同时，并不反对"克隆人"

本身；反而会提出要来帮助“克隆人”可能面临的社会压力与痛苦，特别要保证“克隆人”具有像我们完全一样的社会公民的独立法人地位。同时，我们至今也没有听到任何谴责未来的“克隆人”父母的声音。

科学家的态度——支持者甚少

在科学家中，不乏“克隆人”的支持者，但公开支持的仍是少数，也许是由于身份的原因而不便公开支持。可以说，使劲鼓吹的有意大利的妇产科医生安缔诺里与美国肯塔基大学的生殖专家扎尔斯。他们曾于2001年1月向媒体宣布，经过他们的努力，第一个“克隆人”将于2001年底在地中海某个国家出生。

科学界：支持者有之而不多。

安缔诺里与扎尔斯可不是像有些人那样在瞎起哄。两位都被认为是认真的、有建树的科学家。安缔诺里多年从事“体外授精”与“试管婴儿”的研究。1994年，他因成功使一位62岁的老妇人怀孕生子而闻名世界。他还是一位关心社会、注重伦理的科学家。2001年8月，他再次正式宣布他的“克隆人”计划，并选择英国作为“克隆人”的出生国。其原因之一或许是他认为英国的生殖科学最为发达，设备条件最为先进；另一原因也许是英国下议院在2000年12月通过了允许进行“治疗性克隆”的法案。尽管还是没有说允许“克隆人”，可安缔诺里也许认为这毕竟离“克隆人”近了一步。

2002年4月，安缔诺里宣布已有三位妇女顺利怀上“克隆儿”，而扎尔斯同年5月12日在美国国会的一个听证会上声称，俄罗斯、中国、意大利、美国、加拿大五国都有人在支持“克隆人”。那些官方的或私人的高科技公司照样自行其是，“克隆人”实验方兴未艾。

美国的“先进细胞技术公司”曾发布消息，已经成功地把一个“受精卵”在人工营养液中培养到100个细胞，而且获得应用前景广阔的“人胚干细胞”。尽管这个公司以及它的“生命伦理委员会”明确声明他们也是坚决反对“生殖性克隆”的，反对向“克隆人”迈出。在此之前，只有韩国的一个小组声称已将人胚培养到多细胞阶段，但声称已经将它毁掉。

宗教界的涉足——或支持或反对的替罪羊

对“克隆人”的讨论涉及社会各个团体，自然也把宗教界卷了进来。很有意思的是，对“克隆人”持两种不同意见者，特别是科学家，都指控对方是受宗教及其思想的影响。“克隆人”支持者总是说反对者是以宗教——不管是组织还是观点——为背景的；“克隆人”反对者也总是把“克隆”与宗教（也许是“邪教”）扯在一起。于是，对“宗教与科学”这一历史上曾经讨论过的重要话题又展开了新一轮的激烈论战！很多的“无神论”者把宗教与科学对立起来，他们认为宗教的起源是对自然的恐惧，宗教的发展是以愚昧为“土壤”的；他们认为科学的每一步发展都是对宗教的排挤，并继续他们几百年以来的对宗教的攻击与圣经的批判：“圣经”因科学的新发现而变得漏洞百出，宗教将与愚昧一起被扫进历史的坟墓。

但是，由于各种我们知道、不知道以及不想深入探究的原因，宗教并没有退出社会舞台。在很多科学发达的国家，甚至很多科学家也是宗教信徒。

先说基督教吧，尽管“无神论”与“纯科学主义”在愤怒控诉宗教在历史上对科学的阻碍与对科学家的迫害，谴责中世纪的黑暗时期对科学文化的全面封杀：为维护荒唐的“地心说”而火烧布鲁诺，为维护“造物主”、“创世论”而抵制“进化论”等。但是，这些历史上的丑闻似乎并没有从根本上动摇宗教的地位与影响。“日心说”与“进化论”被越来越广泛地接受，也没有使基督教徒真正感到尴尬。相反，在“圣经”的诵读声中，走出了一批又一批优秀的科学家。也许他们把我们所说的

“探索自然的奥秘”说成是“倾听‘造物主’的心声”，把我们说的“寻找自然的规律”说成是“领会‘造物主’的旨意”。不管如何，他们并未脱“俗”，也不想去用今天的科学发现来验证“造物主”的存在与“圣经”的正确。

我们曾读过梵蒂冈的关于“人胚干细胞”的声明，全文分为两个部分。第一部分为“科学”问题。我们只能承认，此文对有关信息的收集，对研究进展的了解，绝不亚于我们之中不信教的科学家；而在第二部分“伦理”问题中，也没有引用多少“圣经”中的语录。尽管这一声明极力反对“人胚干细胞”的任何使用，但不能否认，声明给人的印象还是天主教中有不少人才，对科学不见得一味拒绝。譬如我们熟知的牛顿，还有达尔文，在很多科学家的心目中，似乎也不是如同我们所想像的那样，他们提出的学说的本意是对教义的挑战。也许，在他们心目中，“自然”与“造物主”相互并存，“科学”与“圣经”友好相处。在基督教徒中，与在科学家群体中一样，对任何一个问题都有不同意见。当然，教皇保罗二世曾明确声明反对“人的克隆”，包括“治疗性克隆”即“人胚干细胞”的使用。从统计数字来看，2005年2月18日和3月8日联合国的两次表决中，投“双禁”的“国际宣言”支持票的，即支持同时禁止“治疗性克隆”和“生殖性克隆”的，的确主要还是受天主教影响较大的国家。

梵蒂冈：因克隆而头痛！

正因为如此，对“克隆人”的不同意见，都可以在宗教徒中找到“知音”。在佛教与伊斯兰教影响较大的地区，反对“克隆人”的人较为普遍，这首先涉及对人类生命的定义，以及对人类个体“尊严”的尊重。这些观点，反过来在非宗教地区与群体中也有“知音”。因此，似乎也不应该笼统地斥之为“宗教的影响”。

政府的反应——反对，但程度不一

好莱坞的那个“克隆人”电影《第六日》中，编导写了这么一个故事：克隆人在快要出生的“第六日”，却被法律禁止了。于是，一群科学家便开始克隆人，想通过“克隆人”争取选票来修改法律，使“克隆人”合法化。我们不妨试想：“克隆人”是可以防止其出生吗？如果是的话，如何防止呢？

“克隆人”的支持者与反对者都希望政府行政部门的参与，都希望诉诸法律。

行政的干预与法律的制定，在某种意义上，意味着生命伦理讨论的终结。

让我们从全球各国政府议会的讨论中，摄取一些片段吧！而各国政府官方的正式态度，我们将罗列在本书的“附录”之中。

在“多莉”羊出世之后不久，1998年1月12日，法国、意大利等19个欧洲国家签署了《欧洲反对克隆人协议》，这是世界上第一个禁止“克隆人”的具有一定法律效应的文件。

日本政府一直主张禁止“克隆人”。日本国会于2000年春通过了一个禁止“克隆人”的法案，并附有“监禁三年以下、罚款500万日元以下”的惩罚。2000年11月30日又通过了禁止“克隆人”的“克隆技术规制法”。该法案又将对“克隆人”的处罚加重至10年以下监禁或1000万日元以下的罚款，其主要原因是执政党认为原先的处罚比别的国家轻。

该法案认为，“‘克隆人’将对人的尊严和社会秩序带来重大影响。因此，必须禁止‘克隆人’的行为，同时也禁止一切将人与动物细胞相互移植的克隆行为。”这是日本首次通过涉及世界尖端生命科学的法律。该法案将从2001年6月开始实施。

但是多数国家在制定新的法律禁止“克隆人”之前，是以援引先前法律来执行的。这又受到“克隆人”支持者的反对。其中典型的例子是美国的“生命计划联盟”起诉美国政府，他们认为细胞核移植技术不应归于美国1990年的《人类受精与胚胎法规》，因为1990年这一法规问世时还没有这一技术。核移植在科学与医学上具有重要的研究价值，核移植即使产生个体，也不属于1990年的关于胚胎的定义，不属于法则限制之列。但美国卫生部门认为这一说法不合逻辑，要“紧急行动，将核移植及相关技术加以限制，因为人细胞的核移植如果不加以限制，离人类的克隆又进了一步”。

英国卫生大臣于2001年4月19日宣布，英国政府即将制定法律禁止克隆人，以保证基因技术只被应用于有益的方面。他希望能推出一个禁止“生殖性克隆”的法律，即禁止用克隆技术培育完整的人类个体。

如果这项法律通过，英国将成为世界上第一个通过立法来禁止“克隆人”的国家。英国一直通过对有关领域的科学家发放研究许可的方式来对科研行为进行控制。这位大臣认为，唯一能确保“克隆人”不出现的途径，是通过法律手段来禁止这种研究。

英国人说话总是比较全面的。这位大臣强调说，英国如果想在基因技术方面占据世界领先地位，就必须对有关研究的范围设立严格界限，使公众感到安心。但是，2002年1月18日，英国民众上诉法院否决了高级法院关于阻止及限制“克隆人”的立法。

英国人的行动也是较为平衡的。在禁止克隆的同时，英国积极推动基因技术在其他方面的应用。英国于2000年年底通过允许“治疗性克隆”的法案，允许科学家使用早期人胚并从中提取干细胞，培育用于治疗疾病的人体细胞、组织和器官的研究。正因为如此，2005年2月18日与3月8日联合国通过“双禁”，即同时禁止“治疗性克隆”和“生殖性克隆”的《国际宣言》，英国科学界普遍表示不满。英国皇家学会的干细胞研究和克隆工作小组负责人还公开表示：英国皇家学会对联合国通过这样一个用词含混的政治宣言感到失望。

在欧洲各国中，丹麦政府的反应是最极端的：禁止在丹麦国土上出生任何克隆的哺乳动物。他们在讨论这一法律时，曾严肃地考虑到哺乳动物克隆所带来的经济上的利益。但是，大多数人仍然认为由于哺乳动物与人的生物学上的接近，哺乳动物的克隆必然导致“克隆人”，毅然做出了“两害相权取其轻”的决定，暂时放弃这个领域的研究。

大多数阿拉伯国家坚决反对"克隆人"。他们多次发表声明,谴责"克隆人"的努力有损人类尊严。他们也许会成为联合国大会上支持双禁提案的主要力量。

1997年"多莉"羊宣布降生不久,中国政府有关部门便作出了反应,中国政府坚决反对"克隆人"的努力。2001年11月29日,宣布了"三任四不"的态度,即"在任何情况下、任何场合、任何条件下都不赞成、不支持、不允许、不接受与'克隆人'有关的实验。"

美国,特别是布什政府的态度是最引人注目的。

布什政府对克隆人胚一直持保守态度,这已为众所周知。早在2001年8月布什就签署"总统令",联邦科研资金只限于资助现有"人胚干细胞系"的研究,不得用于支持新的"克隆人胚干细胞系"的研究。美国也是2002年要求联合国通过禁止克隆人的国际条约提出国之一。只是由于联合国成员多次磋商和妥协,才同意以较为温和的"宣言"形式反对"克隆人"。

2002年4月,布什总统又过问"克隆人"的事。他一直要求美国国会不仅禁止"克隆"人,还同时禁止包括"人类治疗性克隆(即人胚干细胞应用)"在内的一切有关人类"克隆"的技术。禁止"人类生殖性克隆"的提议已在共和党控制的议院得到足够的支持、得以通过。但是,参议院表决时没有通过"双禁"或"全面禁止"的提案。

2004年9月布什对联合国发表讲话称,"禁止克隆人"是他任期内的"首要任务之一"。而联合国在2004年10月推迟了对反克隆宣言的投票,其中一个原因也是为了等待美国大选的结果。

布什:"生命是一种创造,而不是日用品"!

有分析人士认为,在美国国内反对"克隆人"的主要是保守宗教团体、反堕胎团体等。这些组织是布什的忠实选民,对他的第二次连任功不可没。因此布什政府"投桃报李",大力推动反对克隆的联合国宣言也是势在必然。

美国迄今还没有关于克隆的立法，其中一个重要原因是，为提取干细胞用于医疗的"治疗性克隆"和为了复制人类的"生殖性克隆"两个概念，仅仅是从应用目的上来划分，而在技术上还难以明确界定。议员们不愿意将两者分开，保守团体反对一切克隆人胚的研究，而科学界一直要求支持"治疗性克隆"，并希望放宽对研究提取干细胞的限制，两者观点已经找不到妥协点。

美国在联合国大会上讨论"克隆人"的态度也是至关重要的。美国是2005年2月18日主张投票表决《联合国关于人的克隆的宣言》（以下简称《宣言》）的国家之一，也是"禁止一切形式的'克隆人'行为"（"双禁"）的重要支持国家之一。

联合国大会关于"双禁"的《宣言》的通过在美国引起了不同反应。一向主张"双禁"的布什政府表示，这是联合国的"一大进步"，并称将推动其他国家禁止"克隆人"。在联合国大会通过《宣言》之后，美国驻联合国使团发言人对媒体表示,这显示了"对生命的尊重"，美国政府"非常高兴"。他说，这一《宣言》表明联合国成员国都应该通过禁止克隆的立法。

美国科学界对这一《宣言》以及美国的科研政策反应强烈。2005年2月20日，正在举行年会的美国科学促进协会连续举行了9个小时的研讨会，声明反对在克隆和干细胞等领域"滥用政治"。美国《科学》杂志总编说，现在已有一些科学家想方设法"绕开"美国法律限制，但很可能没有很好的办法，最根本的解决途径还是美国政府取消2001年8月的总统令。不然的话，干细胞研究势必受到影响，"前景暗淡"：至少在今后4年，这方面的科研政策看不到宽松的迹象。因为《宣言》通过后，美国的一些团体很可能以此为依据，在美国国会推动"双禁"的立法，使本来就处境不佳的干细胞研究"雪上加霜"。

但是，这些呼声对政界决策者能起到什么作用值得怀疑。一个名为"忧心忡忡的科学家联盟"的科学组织评论说，美国政府将"意识形态作为科学的前提"对科学界是有害的，长远来看会损害美国科学界的创造力。

我们如果把布什政府的"双禁"或"全面禁止"只是看成是受宗教

的影响，那恐怕又是简单化啦！对于“治疗性克隆”或“使用人胚干细胞”，布什政府还是谨慎地支持的。他上台后，即把美国原先仅允许私人资助的实验室进行干细胞的研究、而不允许公众支持的实验室的“双重标准”，放宽到公众实验室可以使用已建立的60个细胞株。而这一次看起来的“倒退”，很可能是出于一种担心，即干细胞研究与“克隆人”在技术上仅一步之遥，两者的前期技术是一样的，唯一的差别是后者把胚胎植入了子宫。而在技术上只要调节好月经周期，将胚胎放进去，非常简单，也就是说，从事干细胞研究的实验室，只要与从事“试管婴儿”的实验室结合，完全可以克隆一个人出来。这样，监督就非常困难。为了有效防止“克隆人”的出生，只能“双禁”。这样做是出于“内行”的考虑，而不是简单地把“孩子与洗澡水一起泼掉”。

“克隆人”：你是谁？

联合国的争论——唇枪舌剑，三足鼎立

《基因组宣言》：联合国在行动。

联合国本来就是是非之地。除了战争与核武器外，没有什么东西比“克隆人”更能触动人们敏感的神经。有人说，“冷战”时期，联合国的主要使命是禁止核武器，“冷战”之后，禁止“克隆人”竟然成了联合国的讨论主题之一。

首先涉及“克隆人”的是联合国教科文组织（UNESCO）。1997年11月11日在讨论“关于人类基因组与人类权利的全球宣言”时，由于德国与法国政府代表的坚持，写上了“人类生殖性克隆是不能允许的”的明确条文。随后，其他相关组织，如WHO、人权委员会都在一定程度上介入。最后，支持与反对“克隆”的双方，居然在联合国总部摆开了唇枪舌剑的战场。

2001年的下半年，德国与法国政府向联合国大会提交了关于通过《全球禁止克隆人国际公约》（以下简称《公约》）的提案。

2001年11月19日，第58届联合国大会法律委员会做出决定，由于各国在克隆问题上的分歧难以调和，该委员会决定不再继续就制定“禁止人的生殖性克隆（即“克隆人”）国际公约提案”进行讨论。

该届联合国大会法律委员会主席、摩洛哥常驻联合国代表穆罕默德·本努纳在该委员会当天下午举行的会议上宣布了这一决定。他说，各国围绕“治疗性克隆”（即“人胚干细胞”的研究）的争议很大，有的国家认为“治疗性克隆”违反伦理；有的国家则认为这种“克隆”可以治病救人，应给予支持。在人的克隆问题上出现严重分裂是国际社会不能承受的。因此，根据几天各方协商的结果，本届联合国大会法律委员决定不对哥斯达黎加和比利时两国分别提出的“禁止‘克隆人’国际公约提案”进行表决。

本努纳建议根据意大利的提案，于2002年2月设立了工作小组，讨论并起草一项关于禁止“克隆人”的《宣言》。这项《宣言》要以意大利提出的《宣言草案》为基础，由该届联合国大会法律委员会在2002年2月底通过。本努纳的提议获得与会各国代表的一致通过。

美国和哥斯达黎加等63个国家2001年9月再次向联合国大会递交提案，要求对克隆人胚以及人类个体的行为均予以禁止。赞成“治疗性

Human cloning listed for debate by split UN

There are few non-political issues more contentious than human cloning, and so a decision on a ban is not expected from the UN.

克隆人：联合国的重要议题。

克隆"的比利时、英国和中国等21个国家也向联合国大会递交提案，要求对"生殖性克隆"和"治疗性克隆"区别对待，是否禁止"治疗性克隆"由各国自行决定。但经过数周的讨论后，双方仍相持不下。

2001年12月12日，联合国大会又决定成立了一个特设"紧急委员会"。2002年2月25日至3月1日，"紧急委员会"按联合国大会决议召开会议，形成了多个文件与"国际公约"的初稿，准备于2002年9月23至27日召开的第57次联合国大会上进行讨论。

应该说，在联合国大会上还没有听到公开的、明显的反对"禁止克隆人"的声音。但是，各国对这一国际公约的反应并不都是积极的。2002年，联合国人权委员会的8人专家小组的一个报告，明确提出对"克隆人"的反对不应影响一项科学技术的发展，并且认为以"国际公约"来解决这一问题，其方式与实际效果都要给予全面、慎重的考虑。

2002年1月28日发表的联合国《关于反对人类生殖性克隆》紧急委员会新起草的决议初稿，以及新发表的《报告》(2002年2月25日至3月1日)，是集"克隆人"反对者观点之大全。如果读者感兴趣的话，可以读一读"附录"中的这一"报告"。

2002年9月27日，紧急委员会就"国际公约"提案展开讨论，会后并未见特别的公开报道。德国、法国联合提案于2002年的最后几个月再次提交到负责法律事务的联合国大会第六委员会。

2003年11月6日，联合国大会对3份关于克隆人的决议草案进行投票。这3份决议草案分别是：哥斯达黎加提出的"呼吁通过国际公约，禁止一切形式的克隆人行为，包括生育和治疗领域的克隆人行为"决议，这份决议草案获得美国等60多个国家的支持；比利时提出的"赞同禁止生殖领域的克隆，但强调是否禁止治疗领域的克隆可由各国自主决定"决议，这项决议草案得到英国等20多个国家的支持；阿拉伯国家提出的"要求将克隆人议题推迟到两年后讨论"决议，法律委员会以80票对79票的1票之差采纳了伊斯兰国家的方案，将克隆人议题推迟到2005年讨论。

2003年12月9日，美国和哥斯达黎加等国直接向联合国大会全体会议提出议案。在该届联合国大会主席亨特的周旋下，联合国大会决定在2004年9月开幕的第59届会议上就"克隆人"议题进行讨论。

2004 年 11 月 19 日，由于各国在是否允许“治疗性克隆”问题上难以达成共识，第59届联合国大会法律委员会最后决定不再继续讨论制定禁止“克隆人”《公约》问题，以《宣言》取而代之。这一决定意味着联合国大会已放弃其长达 4 年的制定禁止“克隆人”《公约》的努力。

《公约》与《宣言》是有很大区别的。《宣言》只有道义影响力，并不具备《公约》那样的对签约国的法律约束力，但可以为各国弥补分歧提供更多空间。各国对《宣言》草案的措辞还存在着分歧，主要集中在如何界定草案所提出的“人类生命”。草案要求各国禁止“任何通过克隆过程创造人类生命的企图”。反对“治疗性克隆”的国家认为“人类生命”应包括克隆出的人胚，赞成“治疗性克隆”的国家则对此持有异议。

各国无法就未来《公约》的适用范围协商一致，是促使联合国大会法律委员会不再考虑《公约》的主要原因。经过数周的内部磋商，反对和赞成“治疗性克隆”的阵营立场依旧，互不相让。在此情况下，如果强行通过，等于把相当数量的国家排除在未来的《公约》之外，使这项全球性的公约因缔约国太少而徒有虚名。以《宣言》代之也许可以使双方立场之间的距离接近一些。

2005 年 2 月 16 日，第 59 届联合国大会法律委员会开始对这一问题展开辩论。双方剑拔弩张，会场硝烟弥漫。18 日下午仍未能就《宣言》的措辞达成一致。

2005 年 2 月 18 日晚上，赞成和反对“治疗性克隆”的双方同意将各自阵营支持的《宣言》提案付诸表决。

这是联合国历史上，也是人类历史上第一次就禁止一项刚出现不久的科学技术的全世界范围的投票。它的正确或错误，只有等待历史来验证。

洪都拉斯提案的《宣言》(《双禁宣言》) 最后以 71 票赞成、35 票反对、43 票弃权的表决结果获得通过。投赞成票的国家包括美国、德国、荷兰和巴西等国，还有其他受天主教影响较大的国家。比利时、英国、中国、日本、新加坡和瑞典等国投了反对票。出乎很多人预料，伊斯兰国家组织成员国并没有如同人们先前估计的那样坚决支持《双禁宣言》。

他们在投票前表示，由于未取得一致意见，他们投弃权票，不支持任何一方的提案。

《宣言》的通过并不意味问题的结束。赞成“治疗性克隆”的国家代表在表决后立即先后发言，对坚持要求表决深表遗憾，同时强调他们的国家将不受《宣言》的约束，将继续允许治疗性克隆研究。

中国代表说，中国代表团之所以对《宣言》投反对票，是因为《宣言》的表述含混不清，《宣言》提到的“禁止”可能会被误解为也涵盖“治疗性克隆”研究，这是中方所不能接受的。中国代表强调，中国投反对票并不意味着支持“克隆人”，中国政府将继续坚持反对“生殖性克隆”的立场。换言之，即反对用人胚克隆一个完整的人，而支持人胚研究并从人胚中提取干细胞用于治疗多种疾病。同时，中国还承诺要加强对治疗性克隆研究的管理和控制，确保人类尊严和国际公认的生命伦理原则不受损害。

实际上，联合国大会这份《宣言》并无实质性约束力，仅是号召各国起草和实施禁止任何形式“克隆人”的法律，各国政府是否立法或许是另一回事，即使各国政府颁布相关法律，也会由于不同的理解和见解而采取不同举措。该项政治宣言还需得到联合国大会批准。提交联合国大会讨论时，也许还将有一场风浪。

对《宣言》表决呈现如此大的分歧，表明不同国家、不同文化对于生命定义的不同理解。尽管各国对联合国大会的《宣言》存在巨大的分歧，尽管人们对“赞成”与“反对”治疗性克隆的阵营有不同的解读，但并未超出人类认知和伦理的底线，即坚决禁止“生殖性克隆”，可在严格监管的情况下进行“治疗性克隆”研究。虽然以洪都拉斯和美国为首的71个国家支持联合国大会的《宣言》——禁止任何形式的克隆人，但也提出了让步解释，仍给予允许“治疗性克隆”研究的空间，而投反对票的国家包括中国则表示要禁止“生殖性克隆”，而且拟对治疗性克隆研究实施严格监管。

2005年3月8日，联合国大会以史无前例的方式来庆祝“国际妇女节”。191个国家参与了《宣言》的表决投票。结果是84票支持，34票反对，37票弃权。《宣言》得以通过。

美国在任何时候对任何事情的作用都自然不能低估。这一次，尽管美国没有明显的公开活动，但在幕后联手反对流产的团体的"通气"路人皆知。投票结果发表没多会儿，布什总统便发表了一个声明："美国和国际社会已经明确声明，人的克隆违背人类尊严。"

也许哥斯达黎加的代表说的话道出了《宣言》支持者的兴奋心情：确认"治疗性克隆"是出于摧毁生命的目的而创造一个生命，是"历史性的一步"。"治疗性克隆"被枪毙了，不亦乐乎？

而一些国家代表的抱怨不只是针对"治疗性克隆"的厄运，而是另外一个"很不好的先例"：这是忽视别的主权国家经过广泛的讨论与合适的民主程序，已批准进行严格管理的"治疗性克隆"的事实。这实际上差不多是蓄意分裂我们这个世界。英国有位大臣说了这样一番话：这是一个耻辱！联合国本来完全可以通过一个在法律上有约束力的、全球禁止"生殖性克隆"的"国际公约"。现在呢，就因为少数几个国家拒绝，让每一个国家对"治疗性克隆"自己拿主意……

美国佛罗里达州的一位律师则反唇相讥："治疗性克隆"支持者把这个"混淆、含糊"的《宣言》的通过说成是他们"意识形态的胜利"，只是为了掩盖他们原先试图搞那个"全面禁止'治疗性克隆'的国际公约"的全面失败。

英国的一位很有影响的科学家一语惊人：值得庆幸的是，众所周知，这个玩意儿是没有约束力的一纸空文。在英国，给几百万病人带来希望的"治疗性克隆"照干不误。

你认为有关"克隆人"的国际讨论已是盖棺定论了吗？

"克隆人"——真的出生了该怎么办

这次反对《宣言》的国家，大多声明反对的只是对"治疗性克隆"的禁止。如果有人大胆假设这次联合国大会表决的只是禁止"生殖性克隆"的"国际公约"，结果又将如何？是否会百分之百地通过吗？

未必。

我们不大相信会有哪个国家会公开以支持"克隆人"为理由而反对

禁止“生殖性克隆”的一个“国际公约”。但是，很可能会有相当一部分“克隆人”或“生殖性克隆”的反对者，他们反对禁止“生殖性克隆”的《公约》，是他们认为用《公约》的方式来禁止“克隆人”不会有效，因此不是最好的方法。而《宣言》当然只是一纸空文。

他们的理由是：

第一，对违反者难以进行处罚。《公约》不同于各国的法律。如果当事国没有具体的处罚条例和实施的具体措施，基本上与《宣言》相差无几。他们提出，如果那些国家真心实意要禁止“克隆人”，不妨先请他们在自己的国家明确制定有关法律及法规等措施，以表示他们的诚意。换言之，他们倒认为“克隆人”反对者另有所图。

第二，监督困难。克隆技术也同其他所有生物技术一样，对规模、条件的要求，对设备条件与工作人员的经验、经历的要求，要比掌握原子弹的技术容易得多。从事在各国大都合法的“试管婴儿”，以及很多国家允许的“干细胞”实验室，都具备“克隆人”的实验条件。要实行“国际监督”是非常困难的。我们连那样大规模、大场面、大设备的原子弹生产，至今都无法完全监督，又如何来监督“克隆人”呢？如果不能监督，《公约》的严肃性与有效性就将大打折扣了。

第三，假如“克隆人”真的出世后怎么办？“克隆人”的禁止出现了一个前所未有的新问题：如果《公约》用词有些过头，就等于宣布“克隆人”是不应该出生并不受欢迎的。如果在《公约》中写进如果“克隆人”出生啦，我们当然要保护“克隆人”的合法权益，我们要惩办的只是“克隆”人的人。这等于又是在客观上鼓励“克隆”人。这又产生了惩办时援引法律的难处，任何一个国家的法律都不可能“用一种不为接受的方式，生下来一个人”来治罪。因此，这个《公约》在第一个克隆人出来后就等于自行废除，说不定会有人提议制定另一项保护“克隆人”或“不管以什么方式，与什么样的人有关，所有生下来的人”都是无辜的，都应该受到欢迎与保护这样的《公约》呢！

真的要各个国家先行制止自己的法律，并有一套切实有效的禁止措施与处罚条例，又会产生给“克隆”人的人钻空子的问题。我们不可能在同一时间让全球所有国家颁布同样的法律，难免是有那么几个国家不愿意制定这样的法律。要“克隆”的人就像好莱坞电影中的那些“克隆”者，把克隆的主意拿到没有禁令的地方去实施。而说不定真有这样的国家，他们正忙于别的更加重要的事而不可能把禁止“克隆人”立法，并有力量真正执行，要么就是有意引进这样的东西赚钱。也许他们也有一定的管理，那就是别的国家越禁止，他们能要的价值越高。更为严重的是，如果真的因为技术问题而导致“克隆人”有伤有残，就有可能出现悄悄处置的罪恶。

实际上，很多地方政府，如日本，已经通过了这样的法律，并制定了具体的事后惩办的方案：坐多少年的牢，罚多少钱，不能再申请研究经费，把他们逐出科学的殿堂，等等。

尽管这样的法律由于得到大多数人的支持而获得通过。有人还是希望这样的法律不要关上科学探索的大门，要保证科学的研究能为人类造福。这样的法律在执行上会有更大的困难，譬如说，一个渴望有孩子的人愿意为进行克隆探索的科学家支持所有的赔偿，并再给一大笔钱作为研究经费，甚至提供所有残疾“克隆人”的一生抚养费和研究人员的酬金。很难保证没有科学家见利忘义去冒坐牢之险。“克隆人”的出生是件轰动的事，新闻界的介入会保证当事科学家在狱中的待遇。也许帮助别人生下一个孩子而坐牢的经历，一定会吸引最能言善辩的大律师来大显身手，有这样的风光事，坐几年舒服牢也是值得的。

另外，要搞出“克隆人”只要三个主要条件：科学家；足够的经费与研究条件；材料来源，如卵细胞等及买主市场等。只是“非法”恐怕吓唬不到要“克隆”人的人的。看看我们这个世界上的贩毒、贩卖军火等唯利是图、牟取暴利的犯罪，哪一件能禁得了？

克隆人：你们会受欢迎吗？

说到底，“克隆”人的人不怕的是：我“克隆”的是人，不怕你不接受，即使第一个不那么健康！一个不合适的比喻是：“克隆”是非法的，当“克隆人”真正出生之后，又不能一杀了之。

当然，反对者可以把自己的调子加以调整：如我们反对"克隆"人，在"克隆人"出生前是反对"克隆"的努力，在"克隆人"出来后还要将反对"克隆"人进行到底，我们反对的是"人类的复制"，是给"克隆人"同样以做人的尊严，就像原子弹造出来了，我们还要反对原子弹，特别是反对使用原子弹一样。

"克隆"人的支持者与反对者中都有这样的声音：如果撇开伦理方面的讨论，而先认真考虑难以禁止的客观情况，不妨网开一面并给予疏导，把"克隆"人的应用严格限制在治疗"不育症"患者，如同"试管婴儿"一样作为一种辅助的生殖方式，配以严格的法律管制。

他们的主意可妙呢！不妨也听一听：

一是实行严格的批准制度，对允许克隆的实验室进行严格、全面的审查后发给"特许证"，对科学家实行资格审查与"许可证"制度；二是严格的审批制度：组织有关生殖专家、克隆专家、伦理专家，以及民众所信任的公众人士组成的委员会，对申请克隆逐个根据情况，予以法律与生殖能力方面的审查；三是合理的管理制度，不许漫天要价；四是透明的监督制度，在对被克隆者实行严密的匿名等保护隐私手段后，对植入子宫的胚胎数，一个国家（或地区）每年的克隆数量进行控制；五是对"克隆"的援助制度，如果不是疏忽职守，对所生下的"克隆"残疾儿予以社会的关爱与照顾；六是严格的惩办制度，因为这些"开放"措施已在客观上吸引了"克隆"的人才对与"克隆"的拥护，可能有效地缩小打击非法"克隆"的范围；七是对"克隆人"全面的保护制度，包括成年的"克隆人"的父母的匿名，予以改名（颁发新的身份等证件）或迁移、就业、教育方面的照顾，同时也要从科学的角度，防止克隆人因匿名而与近亲，甚至与另一个同一"模板"的"克隆人"发生性接触。

当然，这样的主张必将受到反对者与支持者双方面的部分人的坚决反对而成为"过街老鼠"。因为不少支持者认为，现在的技术实际上离"克隆人"成功还很远，这等于是给"克隆人"催生而将导致"早产"；而反对者更会不遗余力地反对，首先是出于他们心目中的道义与人类尊严的考虑。

我们要清醒地看到，不管是《公约》，还是国家法律，对“克隆人”这样一个特殊的问题，我们依靠的还是科学家的社会责任感与公众的知情权与监督权，以及全社会对科学技术新进展、对社会影响的关注。

“克隆人”的支持者，或许一些反对者所说的“纯科学主义”者，总是认为对“克隆人”的反对是政治家的蛊惑人心，是宗教的保守，是民众的愚昧与感情用事，是新闻媒介的捕风捉影与推波助澜，是“道貌岸然”的生命伦理学家的空洞说教，这也是不太客观的。

我们之中的几位曾参与过人类基因组计划的ELSI（伦理、法律、社会问题）、联合国教科文组织的国际生命伦理委员会《关于人类基因组与人类权利的全球宣言》、联合国人权委员会人类遗传学研究专家小组关于“克隆人”及其他问题、世界卫生组织的有关“生命伦理”等的讨论，我们实实在在地感觉到，世界今天的文明，是无数这样认真、执著、聪明、负责任的人共同努力的结果。尽管他们的一些观点我们不会赞同，但他们对人类前途的忧虑，对科学未来阻碍的担心，如果冠以“道貌岸然”，是有失公允的。

“克隆人”的身份要不要公布呢？如果永远不能把“正身”公之于众，第一个“克隆人”什么时候出生，或现在是否已经出生，只能等“克隆人”成年时才能知道。

克隆者与支持克隆者也许都期待“克隆人”诞生的宣布，他们认为这样的“科学突破”在人类身上发生，无疑是科学史上值得大书特书的大事，也许还准备领取诺贝尔奖金呢！这当然也是不可能的！

反对者也可能容易上当，特别当认真的科学家听到在生殖方面的不是专家的话或与邪教组织有联系的话，一定要求他们拿出DNA证据，来证明“克隆人”与被克隆者的基因是完全一样的。殊不知这样的结果只能是在客观上适得其反，鼓励“克隆人”的实验与“第一个”真正的“克隆人”的诞生。

但是，所有负责任的人们都会认同：不论从哪一方来说，“克隆人”的身份，在成年前是不能公布的。而“克隆人”的父母在有了孩子以后，也不一定会对披露身份放心。

如果真的需要对“克隆人”验明正身。这一工作也只能是由一个特殊的、独立于任何当事者的小组进行，不公布细节，特别是"克隆人"的身份。

我们有理由相信，人类社会历经艰难，在几千年的历程中建立起了我们的文明，在"生而平等"的理念基础上建立起了我们生命伦理的原则，在痛苦的教训中重新考虑了与自然界的和谐关系，在惨重的代价中树立了其可持续发展的观念，在与自然的争夺中发展了科学技术，在科学技术的一次又一次冲击中，使我们的社会更为和谐。这一次"克隆人"的讨论，充分说明了社会各界对人类前途的关切，广大民众对知情权、参与权与监督权的应用，是科学家社会责任感的体现。

我们对科学技术这把"双刃剑"的问题，几经反复，几经争论，现在对最大程度地发挥它的好处，给人类造福的一面，满怀信心。

我们把这个信心用"菜刀理论"来概括。

菜刀是任何一个国家、一个宗教、一个团体、一个家庭中的任何一个成员都要使用的工具。没有它就没有厨房，就没有美味佳肴。可是我们从小在父母唠唠叨叨的声音中知道：小孩子不要玩菜刀，它会伤人的（"误用"）！切菜时要小心，它会割破手指的（"滥用"）！还有一个大家知道的事实：菜刀本身便是可以杀人的武器（"错用"）！正因为对菜刀的"双刃"讨论了这么多年，我们每个社会人员，包括男、女、老、小都知道这一离不开的工具的不好的另一面，但不需要立法防范！

说实在的，除了历史上曾经有过的非常有限的几个国家，在现在这个世界上，没有一个国家需要立法来规定一个家庭只能有几把菜刀，只能用多少千克以下的，锋利程度只能是多少级的，刀口只能是多少尺寸的，来特意防范坏人会用它行凶，孩子会因无知而受伤，切菜时会割到自己的手指。

回到我们对每一个技术，特别是对重要的技术，对其利益和危害都讨论得像菜刀那样透彻，让它的坏处家喻户晓，人人皆知，我们就可以放心地生产菜刀，设计各种形状，使它具有更多的功能、更锋利的刀刃。

"克隆人"如果真的出世，怎么办？欢迎！

支持者认为，要以平常之心来对待"克隆人"的出生，特别要注意不要因为我们对"克隆人"技术与企图的批判，而营造一个歧视"克隆人"的社会环境与人文氛围。

要给予"克隆人"同所有新生儿一样的关爱，让"克隆人"得到一样的母爱，一样的父爱，一样的友情，一样的爱情，一样的社会呵护，一样的社会权利，就像对"婚外儿"、"领养子"、"试管婴儿"一样，不管我们原先是否反对"克隆"人。我们对"克隆人"的"妖魔化"，不能说绝对没有，特别是反对"克隆"人时的一些用词，未免会使"克隆人"在精神上、心灵上受到很大的伤害。我们不希望"克隆人"的反对者举着定义不明的"反对克隆人"牌子满街走，就像我们不愿意看到"克隆人"满街走一样。

也许在伊始，会有人因为好奇而干扰"克隆儿"的正常生活，但到此为止。也许不是百分之百的人都有这样的平常之心，为保护"克隆人"的隐私及身份保密。

当然，这一保密不能是绝对的，要防止"克隆人"不知道自己的身份而与近亲结婚，甚至也要防止双方都同时明白身份，两个同样的"克隆人"结婚。支持者认为，就像现在"异父受精"的父亲身份一样，有关"权威"部门应该把严格保密的"证据"在"克隆人"成人时通知本人。

"克隆人"的社会身份并不复杂。可在成人时任其本人选择，作为被克隆者的弟、姐或者儿、女。

社会应通过法律保证"克隆人"作为独立的社会成员应有的尊严与权利。如同"同卵双生"一样，不允许对"克隆人"有任何歧视，更不允许以"遗传学或人道主义"的名义采用"克隆人"的身体的任何一部分为"被克隆人"所用。

天，不会因"克隆人"而塌下来！支持者如是说。

我们不妨读一读虚拟的两封信，也许我们会对可能的"克隆人"的可能的两种截然不同的命运作一番茶余饭后的思考。

后记一

“反对！”
我很痛苦，我是“克隆人”

——一位“克隆人”给作者的回信

亲爱的叔叔阿姨们：

我在读你们的来信。

我的眼睛在流泪，我的心在流血！哀伤和愤恨占据了我的身心，积压在我灵魂深处久久不能平定的痛楚，此时迸发而出！

我正是你们要找的“克隆儿”。尽管我不知道我是不是第一个，但我真心地希望我是最后一个！

虽然，我不像你们一样是“自然”的人，但同样具有人类内心固有的尊严。我是一个独立的人，我有我的思想，我的灵魂，我的性格。然而在我的成长过程中，不断遭受来自各方面的伤害。人生历程，如同在地狱之中。在社会文明高度发展的今天，难以想像人类居然还有如此残酷的行径！我愤怒，我想呐喊，想向你们控诉！

我第一个要控诉的是克隆技术和创造这一技术的人，那些自以为“家”的科学家，就是他们让我变成“技术的孩子”——一个世人看来的怪物。

我记不起出生的地方，也不知道是不是像别的孩子一样，用第一声响亮的啼哭来拥抱人生！

从呱呱坠地的那一刻起直至今天，我一直忍受着别的孩子从来没有的各种痛苦——你们不可能理解的痛苦！因为别人总是把我看成是与你们不一样的“另类”。

我的母亲，同别的孩子的母亲不一样。我实际上不是她的女儿，而是一个比她迟出生20岁的“同卵双生女”！别的女儿是“自然”的——“天”生的，而我被认为是人为的——“人”生的。

从我出生的那一天起，我特殊的身世就被无情地披露了。不知是我的父母还是那位自称以特殊方式把我制造出来的叔叔或阿姨告之世人：我是这个星球上的第一个“克隆人”。

我被告知，我一出生便是世界上第一号“明星”！关于我的记者招待会，就开了好多好多。我每次被很多陌生人高高捧起，被熠熠耀眼的照相机、摄像机频频捕捉，好像展示一个奇特的“新产品”！

我讨厌他们把我当成饭后的谈资，有时他们议论我的衣服与鞋子的颜色与我的特殊身份如何不搭配；有时他们送给我一个我根本不喜欢的他们认为适合“克隆人”玩的玩具。他们不让任何人走进我，亲吻我，拥抱我，还厚颜无耻地说是爱我，而且声称只有他们才有权利“爱”我，“保护我的健康与安全”。

我还记得有一天，当一个小男孩，眼睛里充满着友爱，伸开双手，慢慢地向我走进时，却被他们粗暴地拖开。我至今还记得那个小男孩愕然的表情和伤心的眼泪，我也伤心透了，我开始慢慢地产生一种与生俱来的、与爱完全相反的情感——恨！我憎恨他们！

我在电视中频频出现，出镜率高于任何一个热门栏目的年轻漂亮的主持人。我的照片在网络、杂志、报纸、书籍等随处可见！我每时每刻，都逃脱不了那些可恶的无处不在的“电子眼”，我从来没有过自己的空间和自由！在这个世界上，认识我的人，远远超过了任何一个国家的总统和好莱坞的巨星。

别以为我已经习惯了这些特权和环境，别以为我全陶醉在那些鲜花和掌声之中，别以为我不再是一个天真可爱的小姑娘。他们真的要把我改造得与别的孩子都不一样！

不，不能因为我的身世——就强迫我扮演这样的角色。我也用我的哭声、我的双手抗议过他们的所有安排。我想着反抗，尽管也不能不顺从！我也考虑报复——没有人能在我的眼里读出无尽的忧伤和燃烧的怒火！

谁能理解我？！

当我面带微笑时，我的心灵在哭泣；当我接受奖杯时，我心中的怨恨在翻腾；当我抱着鲜花时，我的感觉像是怀揣着荆棘；当我……

我不想向世俗就范，不愿向庸俗低头，不想囚禁自由的心灵，不愿折断个性的羽翼，面对纷纭的世界，我要保持一个真正的自我。

我要向有正义、有良知、有平等观念的人呼吁：救救我吧！

我常思考：他们究竟为什么要以这种方式让我来到人间？

我在挣扎，开始憎恨那些所谓的科学家，他们完全是为了自己获得那些所谓人类科学上的最高荣誉——诺贝尔奖！尽管至今也没有得到，而且永远也不会得到。为了证明他们的"科学"成功，采用这些"不人为"的手段和方式制造了我。他们将会为我的出生而被钉在历史的耻辱柱上！这是科学的耻辱！科学家永远的耻辱！

我开始抱怨我的母亲或者父亲，居然把自己的孩子提供给这些丧尽天良的人做牺牲品！

当他们制造我时，清清楚楚地知道我成长道路上会坎坷不平、荆棘密布。我开始诅咒我的父母：你们根本没有权利安排我的命运！你们没有像普通的孩子的父母那样对我负责任。你们给了我肉体，却没有给我真正的爱。你们只是给了一套仅来自一个人的基因组，而不是两个异性爱的结晶——两套经过天然组合成的一套完美基因组！

报纸上、电视和广播里整天在以我为话题不停地议论。一方面的声音，是对那些科学和科学家的谴责，说他们不应该"创造"我，我不应该来到这个世界上；另一方面的声音是，对克隆技术和"克隆人"无休无止地讨论：我应该是我妈妈的妹妹还是女儿？……这与他们有什么关系？

我还隐隐地感觉到，一种罪恶在我身边酝酿着！也许是那些丧尽天良的科学家，他们瞒着我的妈妈，居然冒天下之大不韪，又在克隆一个我！有一天，我看到另一个孩子慢慢地向我走来，与我握手。我突然发现：我就像站在镜子前——我惘然了！我坠入九天云雾之中，徘徊无地，左右为难，感觉到自己是如此的无助，周围充满了危险……

也许我不应该责怪我的父母。他们一点都没有错。你们大家从来没有责怪他们，因为你们从对你们自己孩子的爱就理解了他们。我的父母曾经四处访医；曾经做过很多次检查；曾经做过如同露易丝的母亲一样的尝试，希望通过体外授精技术培育出他们自己的孩子，但是没有成功！

当我的父母没有像路易丝的父母一样幸运时，他们便寄望于一种新的技术——克隆！他们开始求助那些在动物身上的实验，让我的生命在实验室中萌动。

随着我与别的孩子一样长大，我慢慢地理解：我是邪教别有用心的产物：克隆我，只是一些人借现代技术之可能来证明他自己是“天外来人”的克隆。我是一些人唯利是图精心设计的产物——他们没有能力克隆能治病的细胞、组织，他们无法培养可用于移植的器官，他们居然先声夺人地利用克隆一个完整动物的技术，企图从我身上来获取组织甚至于器官。

他们纵然不能像好莱坞电影《第六日》中那样，克隆很多很多人来赢得足够的选票去争取他们要“克隆”人的权利，他们已经把所有反对“克隆”人的不同意见都归之于“宗教”的影响，比喻成历史上曾经犯过的错误，如烧死布鲁诺，拒绝“牛顿定理”，以所谓“科学将把一切现实强加给人类”来引导人们对现代文化的重要组成部分——宗教的不分青红皂白的攻击。他们要让“克隆人”出世，都从来没有认真想过我来到这个世界后，这个正在不断完善过程中的世界将应如何正确地接受我！

我还要愤愤地控诉：他们试图以克隆来证明人是可以长生不老的。他们难道不明白生命之所以可贵，正是由于生命对于每一个人而言只有一次！他们试图“丝毫无损”地克隆生命，其客观的结果便是生命意义的真正贬值！正因为这样，如果有一天他们的实验室不知道什么原因起火的时候，他们忙于指挥人们去抢救那些骗人钱财的实验仪器，却置“克隆儿”生死于不顾。他们还一本正经地说：“正因为我们大家都深深地爱着这些孩子，才要克隆一模一样的他们。”

我想责问：科学，你给我们带来了效率、舒适、健康、实用，以及前所未有的机会与可能，可是为什么不约束你自己？以至于又给我们带来了环境的破坏、生灵的涂炭，最终还要伤害人类的尊严！作为所谓“科学实验”产品的我，就是一个证明。我一出生时就已经被他们掠夺得所剩无多!

我本应该拥有的追求幸福的权利被剥夺:从我出生的那一天起就备受着种种折磨。一个人本来只要有一张医院的出生证明就可以随他的父母自然而成为一个国家的公民,而对我却不然,那是绝对不公平的:一个政府要等待证明我是不是我,办护照的官员在我父母为我申请护照前便声明:单凭医院出生证明是不够的。然后,这一伙、那一伙的“科学家”又为我的所谓身份鉴定而争论不休:一方面像鉴定所谓的科学“成果”一样对我进行鉴定;另一方面又声称自己的贡献,要公布鉴定结果,之后又说我的父母不愿意被公开,以至于人们一方面坚决反对我的出生,另一方面又期待有科学证据来证明我的出生!

我要痛斥:他们连支持什么、反对什么都搞不清楚,竟把反对“克隆”人说成反对“克隆人”。在我睁开双眼时,在接受他们一伙人的戏弄时,就听到了另一伙人的抗议!当我开始识字时,就看到他们用几年、十几年,甚至几十年的时间来讨论如何不让我出生,妄想把我消灭在出生之前!而没有想到我出生后应该享有的权利。他们也不放过那些正是由于担心这样的悲剧出现的好心人:你们整天以“保护人类尊严”的名义反对我的出生,就不想你们的这些叫喊声并不能阻止我的出生——那些科学家已经有了在羊、牛、猫、猴、猪、猿、山羊等动物身上练就的炉火纯青的本领,有了他们认可的“试管婴儿”的所有技术,加之早就准确地破解了人体生理周期的秘密和孕育生命的过程,克隆出一个新的人体生命并不是偶然的。

法律和公约真的能阻止我的出生吗?

他们所谓的“国家法律”,处以几日甚至数年的监禁,高额的罚款,真的能阻止那些人的罪恶心理吗?那些所谓的“好心”科学家与政治家们,试图以联合国的名义通过“国际公约”,而这些公约对生物多样性的破坏,对环境的污染,对形形色色的罪犯与杀人机器的制造却基本无效,真的就能阻止我的出生?你们天真地要求提供我出生的科学证据,暴露了我的另类身世,才造成了我一生的悲剧。他们在嘲笑你们表现的所有无能。人类积累的所有接受挑战的能力,居然在你们手里丧失殆尽!

我忿詈:他们喋喋不休地讨论我的地位,对我来说,是我妈妈的妹妹还是女儿并不重要，他们不早有恋母爱父之情吗？对我最重要的是爱，母爱、父爱、所有亲人的爱、社会的爱，可是他们给的是爱吗？

我还在想着我的其他权利，我要建立我自己的家庭。可是我的朋友随着知道我的身世而减少。如果没有减少的话，只是补充了那些把我当成玩物的人。

当我青春萌动的时候，我多么渴望得到另外一种爱——人类奇妙的异性之爱！我觊觎：走进我吧，拥抱我吧！我要拥有自己的爱情、家庭、孩子。

可是，这一切至今仍然是在梦想之中。

谁能听到我痛苦的呼唤？

我是一个“克隆儿”，救救我吧！

克隆儿　爱昵

后记二

“支持！”

我很快乐，我是“克隆人”

——另一位“克隆人”给作者的回信

尊敬的叔叔、阿姨：

我读到了你们写给我的信，也许不只是给我一个人的信，而是给很多像我这样的“克隆人”写的，我感到非常的欣慰。我的内心也更加自信。我也有一颗理解别人的心，也同样希望得到别人的理解。

尽管除了我的爸爸妈妈，还有少数几个人之外，在我的周围，谁都不知道我是“克隆人”。但我确确实实生活在你们之中！

我非常感谢我的爸爸妈妈以及我的保护人对我的精心考虑。尽管我知道，就是公开了我的身份，并不是所有的人都对我另眼相待，但我不愿意让另一些人又来讨论如何才能“正确”对待我。我是一个平平常常的人，我很高兴以我自己的生活方式给我爸爸妈妈带来欢乐和欣慰，以我自己的贡献让人们为我骄傲，而不愿意仅仅因为我是以一种特殊方式来到了你们中间，来博得那些虚渺的光环，更不愿意让那些长篇阔论的报道破坏我所拥有的平静生活。我一直很开心，我的爸爸妈妈更开心！

当我的妈妈告诉我我的身世时，我已是18岁的姑娘啦！当我刚听到自己是“克隆人”时，我也目瞪口呆了！但我马上就接受了这一事实，并且选择了继续对自己身世的保密。

我也不便把自己的身世告诉你们的读者，请原谅我仍然隐瞒自己的真实姓名，当然是我的驾驶执照和护照上的姓名，是我进托儿所、幼儿园，上小学、中学的姓名。暂时我也不能告诉你们我的地址。

我妈妈告诉我：在她与我的爸爸结婚时，她就同所有的妈妈一样，期盼着早日做上伟大的母亲，早日怀上自己的亲骨肉，也让爷爷、奶奶、外公、外婆高兴。但是不久，她与爸爸就明白，尽管她与他拥有生育一个孩子的权利，可是却没有同别的妈妈完全一样以"自然"的方式生育孩子的能力！

我妈妈告诉我身世时的表情我至今还历历在目：泪水悄悄地从她那郁悒的眼睛里涌出来：孩子啊，为什么我们不能像别的父母那样拥有"自然"的你！

这种慈母的情感，也许只能得到占已婚父母的10%的父母的同情，而对那些具有正常的生育能力的父母是很难理解的。

我的妈妈，也不是如同那些遗传学家所说的，只是希望我能传下她与我爸爸的基因的新的组合，她也希望接受没有自己孩子的现实。可是，为什么要劝说他们接受没有自己孩子的现实，而不能帮助他们实现自己的权利，拥有自己的孩子呢？

我的爸爸妈妈，也曾求助于那些已被社会广泛接受的治疗不育症的方法，那些辅助生育的手段。可是，由于她与我爸爸双方面的原因，一般的治疗没有见效，"体外授精"与"试管婴儿"也没有能够帮助他们孕育孩子。

我的爸爸妈妈拒绝了找一个代孕母亲的想法。她认为，既然找别人来受"十月怀胎，一朝分娩"的痛苦可以被接受，她要生下自己的孩子来体验一个母亲为了自己孩子来忍受痛苦和感受喜悦的心情。而且医生已告诉她，她体内那些孕育胎儿的器官是正常的。

我的妈妈也曾想到收养一个别人的孩子，可是，要找到这样的一个孩子，已使他们几年来筋疲力尽。在发达的国家，很多女性不想生育（这也是我的妈妈难以理解的），更不会特意为别人生一个孩子。

妈妈告诉我，在相对不那么发达的国家，居然真的有被父母遗弃的孩子，要么这一孩子不为社会所接受，要么是他（她）的父母认为是不应该有的孩子，要么没有养育孩子的能力，要么是由于他们或社会的性别歧视。

即使是这样，要找到一个孩子也是不容易的。据说是为了对付一些人买卖孩子，很多国家制定了严格的法令。尽管好多国际领养组织找遍天下，领养孩子的资源也是非常有限的。我妈妈经过几次周折，最终也没有成功。

正在这时，“多莉”羊出生啦！尽管克隆的不是人，还是一只羊，可是这一技术给像我妈妈这样的不育妇女带来了莫大的福音！

我的妈妈不想参与那些科学家、伦理学家及社会团体的讨论，尽管这些讨论都是有意义的，双方都是善意的，双方的观点也都大半是正确的。我妈妈对我说：她不管这些，她要的只是一个孩子！

我妈妈告诉我，她也知道一些邪教组织从他们自己的想法出发，希望通过“克隆”人来证明“人类是外星人克隆的”。我妈妈不去找他们。

我妈妈也看到过一些人试图从克隆人那里得到利益，如得到骨髓、器官。这只能使她更加小心地考虑如何保护我。“我生下了我的孩子，就要保护好我的孩子”。如果社会暂时不能接受我这样的孩子，她只能让我的身世不为任何人知道。我妈妈——作为一名善良的中产阶级职业妇女，绝对不希望成为新闻媒介的“第一个‘克隆人’的妈妈”，而这首先完全是为了我。

我妈妈搜集了几乎所有关于讨论“克隆人”的文章。据她对生物及生殖的了解，从词里行间寻找生下我有多大的风险。“久病成良医”，我的妈妈——这位患上不孕症的患者，居然成了克隆知识的专家。

我妈妈告诉我，她曾详细地打听“克隆”人的风险。她注意到，“多莉”羊的出生，是牺牲了277个受精卵。她感到可怕的还不是受精卵的牺牲，也不是植入她的身体之后早期胚胎夭折，而是胎儿的畸形与异常。她担心生下我会是畸形或是有什么“遗传病”，还担心我是否很快到了她的年龄会重演她那不能有孩子的悲剧。

她注视着一个又一个动物克隆的成功，特别是克隆动物的畸形、衰老与生育能力。当克隆小鼠经几代克隆仍有生育能力，“多莉”羊生下她自己的小羊羔，克隆牛生下小牛，她对克隆我的信心日益增强。

她也想继续观望，可是她的年龄不允许，她不能再等待。她深情地对我说：当年，人们并没有等待露易丝——第一个“试管婴儿”活到80岁时，在证明“一切正常”后，才开始第二个“试管婴儿”。

她期待着会有一个明确的法令，只能允许有经验、有“授权”的实验室，已证明有“资格”的生殖专家，才能接受像她这样的要求完全正当的妇女以这一方式生下自己的孩子。可是她对无休无止的争论感到失望！她也对"克隆反对者"动辄"上纲上线"、冠以"伦理"大帽子感到厌恶。

她通过各种办法悄悄地参观了好几个克隆动物的实验室，看到了科学家对克隆哺乳动物越来越有把握与信心。她走访了很多个"试管婴儿"的实验室，详细地了解到底什么时候，才能对"试管婴儿"的好与不好有个说法。

她尽管不是专家，但她注意到两个问题：一是如何避免"克隆"过程中可能造成的任何损伤。克隆人可以使用完整的身体细胞——包括细胞核与细胞质，这使她十分惊奇。二是经详细了解，她知道如果在体外培养到几十细胞，植入子宫后的"试管婴儿"一般不会有问题。而在此时牺牲的是细胞这一层次的生命。这与一般法律上界定的生命是起始于妊娠 14 周的胎儿有一定的差别。

她决定承担这一风险，除了技术上的风险外，更可能的还是社会风险。因为法律规定不能克隆人，否则，除道义上的谴责之外，还要处以罚款。

我的妈妈有一个中学时的好朋友，两人亲如姐妹，而这位同学是著名的"试管婴儿"的专家。

这位专家在讨论技术问题时告诉她，只要卵细胞受精后成为正常发育的"受精卵"，经过在一定时间的分化长成的小胚胎，植入子宫后的风险不是很大。

妈妈愿意承担着一切风险，庆幸的是，她的产卵能力与别的母亲一样正常。

我妈妈说：尽管她也不反对"卵子、精子、受精卵，以及早期人胚胎也是生命"的说法，但是她不能接受"卵子、精子、受精卵，以及早期人胚与胎儿或者生下来的孩子等同"的观点。

我的妈妈对她的朋友说：就拿我与我的孩子来做实验吧。如果你因此被裁决有罪，我将会全力奔走呼吁：为什么帮助我生孩子的人是有罪的，而那些杀人犯却逍遥法外？这个社会对他们无能为力，为什么对我们却如此残酷？

至于罚款，我母亲更是毫不犹豫地说："由我全部来承担！"

在我妈妈的恳求之下，她的同学居然开始了这一非法的、绝对保密的"克隆"我的工作。

我妈妈还认真地承诺，一旦一个胚胎植入成功，别的胚胎都放弃。尽管也许有两个或三个更好，妈妈坚持不要。

我妈妈的朋友也郑重地表示，她并不希望戴上"第一个克隆人成功者"的光环。她只有一个信念：让我妈妈有一个孩子。

我妈妈说：这一工作实际上很简单。她的朋友从她身上取出一部分"人体细胞"(实际上是剥下一小块皮肤)，然后在一个透明的小瓶子加上一定量的"培养基"，开始培养。一段时间之后小瓶子里的底部，长满了一层密密麻麻的细胞，她的朋友用一种可以消化蛋白质的酶，可能是胰酶，用最小的浓度把细胞"消化"下来，成为一个一个的分散的细胞。这种方法能最低程度地避免细胞损伤。在显微镜下数一数，细胞的数量已翻了好多倍。这是细胞在体外培养、增殖的最好证明。

我的妈妈为了生下我，接受了激素治疗，加快卵细胞成熟和排出。卵细胞经过检查后发现是正常的。为了减少损失，妈妈的朋友在显微镜下使用一把锋利的小刀把卵切成两半，惊奇的是，细胞核居然流到了一边，形成了两个细胞：一个有细胞核，另一个没有细胞核，后者称为"无核卵"。在一个小小的电场里，把一个无核的"卵"与一个我妈妈的体细胞"融合"。这一工作也不会对细胞核产生明显的损伤。

这时，我妈妈的朋友开始培养这些人为的"受精卵"。

这位朋友说，从零开始，她和同行已经尝试了几千个不同的配方，她说现在培养"试管婴儿"的培养液，经过几十年的积累，比任何别的动物的卵培养液都要好，所培养的细胞组织生殖快、成功率高。她的信心主要在于：与"试管婴儿"一样，克隆人的成败主要在于植入子宫之前，而不在"着床"之后。

我妈妈也不知道到底一共尝试了多少个"受精卵"。最后，其中好几个真的像"试管婴儿"的"受精卵"一样，在同样的时间，长成了几十个细胞，而且，每一个细胞都看起来非常健康。在调整好我妈妈与妊娠有关的激素水平之后，其中一个被植入了我妈妈的身体。

我妈妈说，从那天起，她的身体在一天一天地改变，她每天都在为我的出生而祈祷。她的内心既忐忑不安又充满着喜悦和幸福。

她每天都在用她充满爱的双手，隔着肚皮抚摸着我，和我交流，告诉我她每天不同的感受。我爸爸无微不至地照顾她。尽管在我们这个国家，爸爸不能像欧洲某些国家那样也有“平等”的照顾孩子的产假。

我妈妈几乎隔两天就要找她的朋友来检查一次身体。我妈妈说，尽管她的朋友还是像往常一样，脸上总是挂着医生那种职业式又带有人情味的微笑，可我妈妈可以看出她内心的激动。有时她用古老的听诊器的一边压在我妈妈的肚皮上细心谛听，她还把它戴到我妈妈的耳朵上，我妈妈摇头说：我早就听到了，实际是感觉到了。但她还是戴上了，真正听到了我急切的心跳。

我妈妈说，她永远不会忘记那个声音。一首小诗，涌上了她的脑子……

这是爱情的结晶，
这是希望的硕果，
她像大海的波涛，一波一波地涌现，
她像山谷的回音，一声一声地回荡；
这是生命的搏动，
这是生灵的节奏，
这不仅是一颗幼小的心灵在母腹中的跳动，
这是一个新生命来到世界的脚步声，
这是世界上最美妙的乐章，
这是人类发展的进行曲的第一篇章。
……

这首小诗，已为今天那么多的年轻孕妇所吟唱，所有的人，都没有想到实际上这是第一位怀上“克隆人”的母亲的心声。

就是当时在场的那位年轻的护士，也没有想到这个腹中的婴儿，竟然是一个“克隆人”。而对我的妈妈来说，也从来没有想到我与所有别的孩子有什么异样！

我曾问过我的妈妈怀上我与别的孕妇有什么不同的感觉。她说“没有"，她已完全陶醉在幸福之中，没有一丝一毫异样的感觉。

"克隆人本来就是人。"我的妈妈说。据她读过的所有书籍与听到所有年轻妈妈的介绍，她似乎没有任何"额外"的感觉。她也曾厌食，也曾呕吐，也曾……她所有的一切，都是只有一位伟大母亲的特权——正常的妊娠反应。

我问妈妈："我有证据，那个 DNA 证据，我是你的克隆吗？""是的，孩子，但那只有几个人知道，我，你的爸爸，还有那个阿姨（我妈妈的朋友），当然我不会告诉你到底是哪位阿姨。我们大家都要把对她的感谢深深地藏在心里。"妈妈说，阿姨不要我们的谢意，就像她不要任何奖赏一样。她告诉我："我想的只是做一次中国人所说的'送子观音'，帮助我的朋友有一个自己的孩子。"

我出生啦！没有照相机那闪烁刺眼的灯光，没有新闻发布会那嘈杂的喧哗。只有我父亲，他同别的父亲一样，在一个普通的产院一个普通的手术室外边急切地等待着我的出生。

我此后的经历，与所有别的孩子一模一样，我出院了，有与别的孩子一样的医院出示的出生证明，我是我妈妈与爸爸的孩子。

我问我的妈妈，当你抱着我的时候，你把我当成你的妹妹——比我晚几十年出来的"同胞姐妹"，还是你的女儿？我不介意别人的情感，但我要知道我是否享有完整的母爱。

"是的，我的宝贝，"妈妈说，"你难道没有体会到我是你的全部美好吗？"

所有的人都是爱我的：我的爸爸妈妈，我的亲戚，还有爸爸妈妈的朋友、所有的熟人。除了那个阿姨外，他们之中所有的都不知道我的特殊身世。我的外婆常常对我妈妈说："她与你小时候一模一样。"和妈妈很像是谁也不会提出疑义的。

或许这也可能是个误会，我想，即使她们知道了，也会一样爱我的。

我不想告诉你我在妈妈怀里的温暖感受，也不想告诉你我躺在床上倾听爸爸妈妈对我爱的私语，我不想告诉你我牙牙学语的样子。我享受到了一个从婴儿、幼儿、少儿一直到成人能享受到的所有的爱。

我要告诉后于我的"克隆儿"，我们已被这一世界所接受！而所有的所有，是我们的爸爸妈妈出于他们的爱而有了我们，我们对爱的追求，首先是父母之爱。

我至今才明白，为什么我的妈妈是那么小心翼翼，从来不做需要我抽血的身体检查，也不让我做任何有关基因方面的检查。她担心的是，也许这个世界上会有人大惊小怪，或有意无意地伤害我。最安全最可靠的保护，是完全不为人所知。

到今天我才明白，我第一次情窦初开时，我抱着妈妈的头，在她耳旁告诉她，她似乎困惑了。后来，她用了很多从书上读来的词句来劝说我再等几年，等一个更为理想的白马王子。

看来，我妈妈还是为我担心。

到了我18岁的生日，我与别的女孩子一样，穿上了盛装，到教堂施行“成人礼”回来，在享受了妈妈给我做的世界上最甜的点心之后，妈妈把我叫到她的房间里，并招手让爸爸也进去——这时我才看到爸爸的神色似乎有些紧张。

妈妈把我按在她床边的那张我不知坐过多少遍的椅子上，然后自己也在床边坐下来，把双手搭在我的肩上。那一双曾盯着我一万次的大眼睛，再一次静静地看着我。这双眼睛，与每次她看我一样充满了母爱，但却多了一份异常的情感。

我明白什么要发生啦！我转身看了看坐在另一边的爸爸，他的神情也充满了异样。

“我的孩子，我们要告诉你……”

我的脑子马上要炸了。我努力告诉自己清醒，做好一切思想准备，不要因为自己的失态而伤害了我亲爱的爸爸妈妈。

“我们要告诉你，我希望你能承受得起”。

我不能让自己保持安静，我扑向妈妈的怀中，我紧紧地抱住了妈妈，我意识到这一定是不好的消息。

是我妈妈要告诉我她要与爸爸离婚吗？

这不可能！作为女儿，这十几年的相处，我目睹他们相濡以沫，如胶似漆。

我是一个领养女吗？这也不可能。我曾几万次把我自己与妈妈作比较，我们太相像啦！这也是我深爱我妈妈的原因之一。尽管我的耳廓、耳垂与妈妈不一样，我的头发似乎更蓬松一点，我发现的最大差别，是我们母女的指纹。那天，我听了生物课后，老师说每一个指纹都不一样，我一回到家就要看我爸爸的指纹，真的十个手指都不一样，我又要看妈妈的，妈妈似乎惊讶了一下，然后又显得更加紧张，她伸出了她那双细长的手指。"我早就看过了，是不一样的！！"难道我与妈妈的相似，倒是偶然的巧合，而这唯一的指纹的不同，竟说明我不是她的亲生女儿吗？"同卵双生"的指纹不也是不一样吗？

我马上开始忏悔：是不是有一天，我跟妈妈撒娇的时候，无意中说过我对妈妈的爱时，只是由于我是妈妈亲生的？我似乎明白了，我叫起来：你就是我的亲妈妈！爸爸你也是我的亲爸爸！我就是你们的亲生女儿！

我的妈妈似乎感到惊讶，张了张嘴，但马上又恢复了平静。

妈妈开口啦：我的宝贝，你是我的女儿，但你是个"克隆儿"！

我顿时明白了！原来我是像"多莉"羊一样"克隆"出来的！我马上想起了十几年来，看到的那无休无止的关于"克隆人"的辩论。一次看到电视上那道貌岸然的生命伦理专家与咄咄逼人的科学家的争论，原来，我就是那位"克隆人"。

我顿时迷惘了，但我马上明白了，我对妈妈说："我是你的女儿，我是你'克隆'的女儿"。

妈妈紧紧搂过我，爸爸也从后面搂着我们俩人，我们三人从来没有像这样紧紧地拥抱过。"克隆人"的任何可能的差别，都改变不了我们之间的骨肉情感。

妈妈把我推开，又把手搭在我的双肩上，爸爸已从后面给妈妈递过了一杯矿泉水，妈妈便开始给我讲过去的事情……

这便是我刚才给你们讲的。

亲爱的叔叔阿姨们，这就是我要告诉你们的：我是一个"克隆人"，我是妈妈与爸爸爱情的结晶，我享受着家人的爱、朋友的爱，我生活的很快乐！

我也曾想，我已成人了。我有自己的权利啦！我要不要公开我的身份呢？

我很放心，我从看过、听过、参与过的所有与“克隆人”有关的讨论中得出结论：尽管争论双方的观点不一样，却都表示了完全一致的意见：他们都将给我与别的孩子同样的爱！都将竭尽所能保护我在肉体上、心灵上、权利上、完整性上，不受任何伤害！我回头去想那些反对我、阻止我出生的“话”，但他们都是出于好心和对我的关心，为我的生活担心。现在我明白了，我可以让他们放心啦：我生活得很快乐！

但我最后决定永远不公开我的身份。不是出于任何担心，而是不想让自己成为新闻人物，不要仅仅因为我是“克隆人”，而有了与你们的区别。

我感谢妈妈爸爸给我的爱！

我感谢科学技术的进展，有了我，有了我得到的所有的爱！

科学技术给我们带来的，应该是更多的爱。

克隆人　夏娃

附 录

一

希波克拉底誓言

仰赖医神阿波罗·埃斯克雷波斯及天地诺神为证，鄙人敬谨直誓，愿以自身能力及判断力所及，遵守此约。凡授我艺者，敬之如父母，作为终身同业伴侣，彼有急需，我接济之。视彼儿女，犹我兄弟，如欲受业，当免费并无条件传授之。凡我所知，无论口授书传，俱传之吾与吾师之子及发誓遵守此约之生徒，此外不传与他人。

我愿尽余之能力与判断力所及，遵守为病家谋利益之信条，并检柬一切堕落和害人行为，我不得将危害药品给予他人，并不作该项之指导，虽有人请求亦必不与之。尤不为妇人施堕胎手术。我愿以此纯洁与神圣之精神，终身执行我职务。凡患结石者，我不施手术，此则有待于专家为之。

无论至于何处，遇男或女，贵人及奴婢，我之唯一目的，为病家谋幸福，并检点吾身，不作各种害人及恶劣行为，尤不作诱奸之事。凡我所见所闻，无论有无业务关系，我认为应守秘密者，我愿保守秘密。尚使我严守上述誓言时，请求神祇让我生命与医术能得无上光荣，我苟违誓，天地鬼神实共亟之。

（摘自 http://www.yongyao.net/zhuanti/yhgx/by05.html）

二

纽伦堡法典

1. 受试者的自愿同意绝对必要。这意味着接受实验的人有同意的合法权利；应该处于有选择自由的地位，不受任何势力的干涉、欺瞒、蒙蔽、挟持，哄骗或者其他某种隐蔽形式的压制或强迫；对于实验的项目有充分的知识和理解，足以做出肯定决定之前，必须让他知道实验的性质、期限和目的；实验的方法及采取的手段；可以预料得到的不便和危险，对其健康或可能参与实验的人的影响。确保同意的质量的义务和责任，落在每个发起、指导和从事这个实验的个人身上。这只是一种个人的义务和责任，并不是代表别人，自己却可以逍遥法外。

2. 实验应该收到对社会有利的富有成效的结果，用其他研究方法或手段是无法达到的，在性质上不是轻率和不必要的。

3. 实验应该立足于动物实验取得结果，对疾病的自然历史和别的问题有所了解的基础上，经过研究，参加实验的结果将证实原来的实验是正确的。

4. 实验进行必须力求避免在肉体上和精神上的痛苦和创伤。

5. 事先就有理由相信会发生死亡或残废的实验一律不得进行，除了实验的医生自己也成为受试者的实验不在此限。

6. 实验的危险性，不能超过实验所解决问题的人道主义的重要性。

7. 必须作好充分准备和有足够能力保护受试者排除哪怕是微之又微的创伤、残废和死亡的可能性。

8. 实验只能由科学上合格的人进行。进行实验的人员，在实验的每一阶段都需要有极高的技术和管理。

9. 当受试者在实验过程中，已经到达这样的肉体与精神状态，即继续进行已经不可能的时候，完全有停止实验的自由。

10. 在实验过程中，主持实验的科学工作者，如果他有充分理由相信即使操作是诚心诚意的，技术也是高超的，判断是审慎的，但是实验继续进行，受试者照样还要出现创伤、残废和死亡的时候，必须随时中断实验。

(摘自 http://www.chgr.org.cn)

三

赫尔辛基宣言

——指导医生进行人体生物医学研究的建议

本宣言于1964年在芬兰赫尔辛基召开的第十八届医学大会上宣读并被大会采纳,1975年在日本东京举行的第二十九届世界医学大会上正式通过,此后于1983年、1989年和1996年分别经第三十五、四十一和四十八届世界医学大会修订。

前 言

保护人民的健康是医生的光荣使命。他或她的知识和道德正是为了实现这个使命。

世界医学协会的日内瓦声明用“病人的健康必须是我们首先考虑的事”一句话对医生在道义上加以约束。国际医学道德标准的规定宣称:“只有在符合病人的利益时,医生才可提供可能对病人的生理及心理状态产生不利影响的医学措施。”

涉及以人作为受试者的生物医学研究,必须是以改进疾病的诊断、治疗和预防方法及提高对疾病病因学和发病机制的了解为目的。

在当前的医学实践中,大多数的诊断、治疗或预防所采用的方法都包含着风险,尤其是在进行生物医学研究时,其风险可能更大。

医学的进步是以研究为基础的,这些研究最终在一定程度上均有赖于以人类为对象的试验。

在生物研究领域中,对以对病人的诊断和治疗为目的的研究与对受试者毫无直接的诊断或治疗价值的纯“科学”研究须做出根本性的区别。

对可能影响环境的研究应特别加以注意,并应关注于研究的实验动物的权利。

为了促进科学的发展和救助罹病的患者,将实验室的试验结果用于人体是不可缺少的。因此,世界医学协会对每个从事人体生物医学研究工作的医生提出下述各项作为推荐指南,并将不断审核更新。但应强调指出,协会所起草的这些标准,仅是一份对世界各地医生的指南。

医生并不能据此而减轻按各自所在国家法律规定所应承担的刑事、民事和道德上的责任。

(一) 基本原则

1. 涉及人体的生物医学研究必须遵从普遍接受的科学原则，并应在充分的实验室工作、动物试验结果以及对科学文献的全面了解的基础上进行。

2. 每一项人体试验的设计与实施均应在试验方案中明确说明，并应将试验方案提交给一个专门任命的独立于研究者和申办者的委员会审核，以征求意见和得到指导。该委员会须遵守试验所在国的法规。

3. 在人体进行的生物医学研究应该由专业上有资格的人员进行，并接受有关临床医学方面专家的指导监督。必须始终依靠一名医学上有资格的人员对受试者负责，而不是由受试者负责，即使受试者已做出同意参加该项研究的决定。

4. 只有在试验目的的重要性与受试者的内在风险性相称时，生物医学研究才能合法地在人体中进行。

5. 开始每一项在人体中进行的生物医学研究之前，均须仔细评估受试者或其人员可能预期的风险和利益。对受试者利益的关注应高于对科学与社会意义的考虑。

6. 必须尊重受试者自我保护的权利，应采取尽可能谨慎的态度以尊重受试者的隐私权，并将对受试者身体、精神以及人格的影响减至最小。

7. 只有当医生确信试验所致的损害可被检出，他们方可参加该项人体试验。一旦发现其弊大于利，即应立即停止研究。

8. 在发表研究结果时，医师有责任保证结果的准确性。研究报告与本宣言之原则不符时，不应同意发表。

9. 在人体中进行的任何研究都应向每一名志愿参加的受试者告知研究的目的、方法、预期的受益、可能的风险及不适。应告知受试者有权拒绝参加试验或在试验过程中有随时退出试验的自由。其后，医生应获得受试者自愿给予的知情同意书，以书面形式为好。

10. 在取得知情同意时，医师应特别注意受试者与其是否有上下级关系，或可能被强迫同意参加试验。在此种情况下，知情同意书的获得应由不从事此研究或与此研究完全无关的医师来进行。

11. 在法律上无资格的情况下，按照国家法规，应从合法监护人处取得知情同意。若受试者身体或精神状况不允许，无法取得知情同意书，或受试者为未成年人，按照国家法规，可由负责亲属替代受试者表示同意。若未成年儿童实际上能作出同意，则除法定监护人外，还必须征得本人同意。

12. 研究方案必须有关于伦理考虑的说明，并指出其符合本宣言中所陈述的原则。

（二）医学研究与医疗措施结合（临床研究）

1. 在病人的治疗中，医师若判定一种新的诊断或治疗方法有望于挽救生命、恢复健康或减轻病痛时，必须不受限制地应用此种方法。

2. 对一种新方法的可能价值、危险和不适，均须与现有的最佳诊疗方法的优点作比较。

3. 在任何医学研究中，对每一病人，包括对照组中的病人（若有的话），应该保证提供现有业已证实的最佳诊疗方法。

4. 病人拒绝参加研究不应妨碍医师与病人的关系。

5. 如果医师认为不必取得知情同意书，此建议的特殊理由必须在试验方案中阐明，并转呈独立的伦理委员会（1、2）。

6. 医师可将医学研究与目的在于取得新的医学知识的医疗措施相结合，但仅限于该种医疗措施对病人已被证实具有可能的诊断或治疗价值时才可进行。

（三）涉及人体的非治疗性生物医学研究（非临床生物医学研究）

1. 在人体进行的纯学术性医学研究中，医师的责任始终是保护受试者的生命与健康。

2. 受试对象应为志愿者，可为健康人，或按实验设计与所患疾病无关的病人。

3. 如研究者或研究组判断继续进行试验可对受试者有害，即应停止研究。

4. 对人体试验而言，科学上的或社会的兴趣绝不应该置于受试者健康之上考虑。

（摘自 http://www.cintcm.com/lanmu/zhongyi_zhengce/zhengce_keyan/fulul.htm）

四

人的克隆——伦理问题

联合国教育、科学及文化组织

前言

在这新的世纪里，科学研究和发现的步伐丝毫没有放慢。学术出版物和大众传媒实际上每一天都在向我们报道科学的新发现，他们的探索似乎超出了以往人们认为可能的范围，深入了宇宙的真正核心，并揭示了人类生理构成的奥秘。

几乎没有什么发现比克隆（借助实验室复制DNA以产生同一生物）更能反映这些势不可挡的发展。突然间，父辈祖辈时还属于科幻小说范畴的设想和尝试正在迅速变成现实。

然而，科学的迅猛发展也使人们开始反思，并更加关注科学的恰当应用。于是不断出现这样一个问题：应该允许在何种限度内运用克隆技术？

1997年联合国教科文组织大会通过了《世界人类基因组与人权宣言》。翌年，联合国大会批准了这一宣言。根据这一宣言，国际社会成功地确立了某些伦理指导原则。它切中了问题的要害，充分肯定了人的生命的内在价值。并更进一步声明，"侵犯人的尊严的一些做法，如用克隆技术繁殖人的做法，是不能允许的。"

尽管各国家都须各自为其社会确定对克隆的限制，但国际水平的讨论和反思能使各个国家受益匪浅。在有关克隆和克隆向人类提出的深奥的伦理问题的讨论之中，决策者、科学家和生命伦理学家们起了主导作用，这是理所当然的。然而，其他舆论团体，包括广大民众，与更广泛的伦理讨论也有着重大利害关系，他们往往希望能进一步了解有关情况。

在联合国系统中，教科文组织对伦理问题责无旁贷。我们将继续密切注视对克隆及与克隆相关的伦理问题，把握其研究走向，并向各国政府、决策者、科学界及公众提供在做出有关克隆的决定时所需要的确切可靠的信息。我们还将与所有的相关人士合作，帮助他们协调科学的飞速发展和我们所有人都珍视的伦理价值。

这就是我乐意推荐这本说明性小册子的原因所在。这本小册子不仅概述了克隆科学的主要发展阶段，还描述了人们为了理解生命科学的新领域所做出的努力。

联合国教科文组织总干事
松浦晃一郎

克隆简史

克隆看来是不久前才在实验室出现的新现象。然而，这个词本身来自古希腊语中的“kλwu”，意为“嫩枝”。这个词最早用于20世纪初的植物学时，是指植物的嫁接。后来，“克隆”一词又被用到微生物上。20世纪70年代这个词开始用来指单亲产生的能存活的人或其他动物。最近几年，克隆的意思已包括用来表示人工操作所产生的、在遗传学上与现存生命形式相同的复制品。

克隆与自然生殖有什么不同呢？许多生物，包括人类，都来自于有性生殖。这就是说，雄性的精子使雌性的卵子受精，形成了胚胎。每个胚胎细胞的细胞核中都含有决定人类性状的遗传结构，即成对的染色体。新生个体的一套基因来自于母亲的卵子，另一套来自于父亲的精子。

而采用核移植来克隆生物时，要先用显微技术将卵子的细胞核去除，代之以一个供体的细胞核，这个细胞核中含有该供体特有的基因。这样，将逐渐发育成胚胎的卵子就带有供体的基因。克隆的生物几乎是其单亲的遗传复制品（线粒体等细胞质组分携带了基因总数的0.05%～0.1%），而不是双亲的随机遗传组合的产物。克隆的开拓可追溯到1952年费城生物学家Robert Briggs和Thomas King的工作。科学家对某些无脊椎动物（没有脊椎的生物）的自然克隆早有所知。例如，断成两截的蚯蚓可以各自重新形成一个完整的个体。但是，通过人为干预来克隆脊椎动物则显得复杂得多。Briggs和King用蛙类进行实验，采用“体细胞核移植”的方法来着手研究克隆技术。20世纪30年代德国胚胎学家Hans Spemann首次系统阐述了“体细胞核移植”的基本原理，他用蝾螈进行过实验研究。这一技术需要将体细胞中的细胞核取出，植入一个“去核”的未受精卵细胞内。这样，植入的细胞核能像在正常细胞内那样开始分裂增殖，同时又保留了它特有的遗传特征。Briggs和King将胚胎细胞的细胞核移植到去核卵中，首次成功克隆了蝌蚪。然而，当他们使用来自于分化程度较高的细胞的细胞核时，核移植胚胎的存活率明显下降。这表明，当胚胎发育成分化细胞时，基因会发生不可逆的变化，它们难以被重新激活。这样，就不可能利用动物的体细胞来培养克隆——成体动物的遗传复制品。然而，在20世纪70年代，当英国生物学家John Gurdon用体细胞成功地克隆出蝌蚪时，上述理论被推翻了。这一事实证明，一个发育了的胚胎或分化了的细胞可以被激活，并产生一个新的生命个体。

克隆哺乳动物在技术上要比克隆两栖动物复杂。成功克隆哺乳动物要作一个重大的飞跃。尤其是因为哺乳动物产卵的数目比蛙类小得多，获取其卵子时需要采取损伤性做法，所以采集哺乳动物的卵子比收集蛙卵更加困难。随后，克隆的胚胎需被植入子宫内孕育。多年来，克隆哺乳动物等较复杂的物种的可能性似乎极小，只有科学界人士仍乐此不疲。

1997年初，有关克隆的研究突然发生了转机。一个苏格兰研究小组(爱丁堡的Wilmut小组)宣布他们在上一年用成年羊克隆了一只取名"多莉"的羊羔。这一生物学上的重大突破顿时成了全球的头版新闻，引起了人们的广泛注意，它似乎开拓了一个充满无数可能性的生物医学新前景。"多莉"是罗斯林研究所从事兽医研究的Ian Wilmut博士及其同事们工作的结晶，他们研究的成功打破了哺乳动物的成体细胞不能用于克隆的观点。这个小组对由Briggs、King始创，后又经英国生物学家John Gurdon改进的技术进行了更新。

为了培育"多莉"，Wilmut小组从一头芬兰多塞特羊的身上取用了一个处于"静止"期的乳腺细胞的细胞核，即由于缺乏营养物而停止分裂的细胞的细胞核。接着，将该细胞通过保护性的透明带植入一头苏格兰黑面羊的去核卵母细胞（未受精卵）中，用弱电流帮助细胞核与卵母细胞的细胞质融为一体。经历了许多次失败之后，研究人员终于取得了一个开始正常分裂的卵细胞，并将它植入了"代孕母亲"——苏格兰黑面羊。经过约5个月的正常妊娠期后，"多莉"出生了。遗传测试证明"多莉"是一个克隆动物。"多莉"因此而名闻天下。

动物克隆研究近况

在"多莉"之后，又有好几种哺乳动物的克隆相继问世。人们成功地克隆了猪、羊、牛、猫和鼠类，最近还成功地克隆了骡子（但是还没有狗和猴的克隆）。骡子的克隆尤其引人注目，因为这种动物是马和驴杂交所生，通常不能生育。有趣的是，克隆动物的外观并不一定相似。如2001年克隆的普通家猫，毛色就与它的基因供体猫不同。位于X染色体上的多个基因决定毛色，而猫有两条X染色体，因此在雌猫的胚胎发育过程中，这些基因中的一部分被随机抑止。这样，来自同一供体的细胞，在被植入去核卵发育成小猫时，如果其余染色基因受到抑制，部分细胞就会使小猫的皮毛色呈黑色，而另一些细胞则会使小猫的皮毛呈橙色。

发展动物克隆技术的主要目的是为了促进动物遗传工程的发展。在过去，用于改变动物基因的新DNA只能加入早期胚，即处在单细胞或双细胞阶段的胚胎。但是，这些基因能否融入早期胚，纯属偶然。这样，成功率既低又十分费时。有了克隆技术，则可以将DNA成千、成百万地加入培养皿里培养的细胞中。这样一来，就很容易检测到哪些细胞含有新加入的DNA。技术人员可随之将此类细胞的细胞核移植入去核卵细胞中，从而产生含有新的DNA的胚胎。

如果克隆动物确实能稳定地产生高质量的适销产品诸如奶类或肉类等，或者通过基因工程产生富含治疗用蛋白（通常称为“农畜制药”）的羊奶、牛奶或鸡蛋清，或产生可移植到人体而不至于引起免疫排斥的猪器官，这一做法就将引起食品业和医药业的兴趣。一家生物技术公司——PPL治疗公司，在1997年与罗斯林研究所合作克隆了“波莉”。这是一只经遗传转化的胚胎细胞产生的绵羊。“波莉”分泌的奶水中含有人的凝血蛋白，可用于治疗血友病。管理此类技术的国际标准目前尚未制订，形形色色的非人类克隆迅猛发展，遍及各地。

动物克隆成功的消息引起了公众的注意，但是科学家还远远未能完全掌握其结果。克隆胚胎培育随所采用的物种和细胞类型的不同而不同，但是成功率普遍都很低。克隆动物即使能顺利娩出，也存在着许多畸形和缺陷，“巨胎症”就是其中之一。克隆的动物往往体形太大，难以正常分娩，胎盘也长得不那么正常。

这些缺陷还没有得到圆满解释。一种可能的解释是，从体细胞中取出的细胞核可能没有恰当地“重新编程”，无法发育成正常的后代。一些人认为，克隆技术上存在的此类缺陷将会随着研究的进展而得到解决。另一些人则认为，克隆一个绝对健康的后代终究是不可能的，即使是表面上看起来很健康的克隆动物，也可能存在着遗传缺陷。

有关人类克隆的伦理学争议

克隆人的可能性长期以来一直使人们浮想联翩，也令大众娱乐界想入非非。恐怖小说《来自巴西的男孩》就是一例。这部小说在1978年由好莱坞拍成电影，讲述了一名纳粹战犯豢养一群用希特勒克隆成的年轻人的故事。对于其他许多人来说，克隆暗示着实现人类长生不老或"流水线优生"的可能性。谎言、谬论以及媒体的猜测，不可避免地介入有关克隆问题的讨论，其中有些观点纯属科幻小说范畴，而非出自真正的科学实验。"多莉"的出现进一步促使人们进一步对人的克隆进行讨论与关注。

参与讨论克隆问题的有科学家、立法者、宗教领袖、哲学家和国际组织，但是他们的意见并不总是一致。人的"生殖性"克隆（以产生遗传上相同的婴儿为目的的克隆）是不合伦理的，这即使不是人人都赞同的看法，至少也是多数人的共识。Wilmut本人向美国国会解释说，克隆哺乳动物的失败率很高。他"重建"了277个胚胎，只有29个可以植入母羊体内，而只有一个发育成功。Wilmut 的结论是"对人类进行类似的实验是完全不能接受的。"

动物克隆的失败率高达90%以上，死亡率也很高，这充分说明克隆不适用于人类。此外，克隆动物的畸形和残废率似乎也很高。许多绵羊都能活到10年以上，而"多莉"却在2003年，即六岁半时被施行了安乐死，因为她患了通常只出现在老羊身上的渐进性肺病，另外她还过早地患了关节炎。因此，一些克隆专家假设认为，克隆人也许在青春期就需要做髋关节更换手术，而20岁就可能已经衰老不堪。

由克隆，尤其是人类的克隆所引发的伦理问题，似乎很难加以限定。即使克隆的技术问题随着时间的推移都得到了解决，仍有许多问题留待解答。凭什么允许或禁止克隆后代？是否可以允许不育夫妇或同性恋配偶通过克隆来满足他们养育生物学后代的愿望？由无性生殖生下的孩子将如何面对生活，是作为独特的个体还是遗传的"囚徒"？克隆的孩子是否为其遗传供体的孪生兄弟姐妹，只是出生时间晚一些？如果可以通过克隆技术选择未来孩子的不同性状，父母应当这么做吗？科学家和生物伦理学家对此类问题进行着思索，在他们看来，克隆技术有可能会危及人类自身的身份特征（方框一）。

国际社会对此作出了回应。1997年联合国教科文组织通过的《世界人类基因组与人权宣言》，其第11条宣布，克隆人是对人类尊严的侵犯。《宣言》C节的"人类基因组研究"申明，"违背人的尊严的一些做法，如用克隆技术繁殖人的做法，是不能允许的。"

经过仔细斟酌，好多国家就人类生殖性克隆的问题形成了统一意见并

方框一

有关人类生殖性克隆的伦理学问题

- 技术和医学上的安全性
- 对生殖和家庭概念的破坏
- 克隆儿与亲代间模糊的关系
- 克隆人的个人身份感产生混乱，心理发育受到危害
- 优生学复活带来的忧虑
- 对人类尊严的侵犯
- 使“婴儿设计”及“人类优化”的思潮得以助长

制定了法规。法国国家健康和生命科学伦理咨询委员会于1997年对这一重要问题进行了裁决，明确否定了人类的生殖性克隆。该委员会称：“认为遗传的绝对相似性本身会导向精神的绝对相似性的看法是毫无科学根据的。”它又说，人类的生殖性克隆“从生物学和人文的角度看，会引起遗传身份和个人身份间关系的根本混乱。”（第54点意见，“就生殖性克隆问题答法兰西共和国总统，1997年4月”）。另一些国家赞同这一观点，引证了冒险克隆行为的危害性，尤其是对母亲和婴儿的危害。

日本科学和技术理事会认为人的克隆没有任何实用价值，不值得加以应用。理事会还表明，在医学上使用经克隆得到的人类细胞“可能会导致对人类的选育，从而侵犯了人权”（《要求对采用克隆技术繁殖人类加以法律监管的正式报告》，1999年11月）。另外，该专家委员会得出结论：无性生殖克隆将会摧毁日本社会的家庭概念。

美国总统生命伦理咨询委员会在其2002年的一份“人的克隆与人类尊严”的研究报告中指出，克隆人的尝试在“目前这个时候”是不合伦理的，因为“它涉及安全问题及对有关人员造成的伤害”。许多其他的顾虑也使克隆人的尝试受阻。报告说：“克隆的概念提出了有关共性与个性、生儿育女的意义、生殖与制造的差别，以及异代之间关系等问题。”这些结论似乎预示了围绕着生物科学及克隆的伦理问题的讨论将持续多年。

1997年，突尼斯国家医学伦理委员会应其卫生部的要求审查了生殖性克隆的问题。其结论为：任何克隆人的技术均应禁止。该委员会谴责克隆人的做法破坏人的生殖概念，侵犯人类尊严，并可能导致各种形式的胡作非为。

迄今为止，约有30个国家制定了各种法律以禁止生殖性克隆。这些国家包括澳大利亚、哥伦比亚、哥斯达黎加、丹麦、格鲁吉亚、德国、日本、

拉脱维亚、挪威、秘鲁、西班牙及英国等。

研究性克隆与生殖性克隆有否不同

"多莉"问世之时，生物医学研究人员便将注意力集中在所谓"治疗性"的克隆实验上，重点是利用克隆技术获取胚胎干细胞以用于研究和临床治疗。由于"治疗"一词意味着可以通过克隆技术获益，而目前似乎又完全没有正当的理由这么认为，因此比较适宜的做法是改变这一正面涵义，使用一个较中性的词，即研究性克隆。在生殖性克隆中，进行体细胞核移植的目的是产生一个遗传信息与亲代相同的胚胎，再将它植入子宫引起怀孕，从而生育孩子。研究性克隆也采用生殖性克隆所采用的方式培育人胚，但其目的不是为了生育幼儿，而只是为了取得与亲代遗传特征相同的胚胎干细胞。在这一过程中，胚胎不可避免地会遭到毁坏。

人胚干细胞于1998年被首次分离成功，它们有时被称为人体内基本"空白"的细胞，能转化成几乎任何类型的身体组织（方框二）。在胚泡阶段，将一些内细胞团从人胚中分离出来并加以培养，能产生可以发育成血液、肌肉或许多其他各种组织和器官的泛能干细胞。许多医学生物学家认为，这一领域很有希望对未来的治疗作出贡献，因为胚胎干细胞可以在实验室的培养皿中进行系统的"培养"。比如说，可通过实验室克隆技术将一个干细胞转化成造血细胞或心肌细胞，尔后将其注入心脏病患者的心脏内，使心脏功能趋于正常。研究人员最终希望能通过这种方法，用这些万能的细胞来治疗慢性或退变性疾病，例如折磨着数百万人的帕金森氏病、阿尔茨海默病或糖尿病等。

干细胞的来源之一是体外授精实验室培育的人胚。患有不育症的夫妇一旦怀上了自己的孩子，所剩余的胚胎就可冷藏于液态氮中。在有些国家，在夫妇双方知情同意的条件下，可以将它们用于研究。当前成千上万个冷冻人胚就这样被存放于实验室中（据2003年5月完成的一项研究称，仅在美国大约就有40万个这样的人胚）。在美国这个人胚干细胞研究最热门的国家，目前的政府政策要求在联邦资助的实验室里工作的生物学家使用早前的干细胞，即于2001年8月9日以前毁掉的人胚的干细胞。最近，这些学者中许多人指出，这一规定限制了他们的研究，使他们不能试验干细胞的衍生以及培养的新方法。例如，最近的研究成果表明，5天大的胚胎干细胞更容易转化成各种其他细胞，对治疗心脏病、脊髓损伤以及其他疾病不无裨益。

然而，将由剩余人胚分离出来的干细胞移植到患者身上时，可能会引起免疫排斥，这正如第三者接受器官移植时的反应。如果用于移植的细胞或组织来源于同一患者，就没有这样的问题。因此，有些研究人员认为，若通过培育人胚以获得同患者本人遗传特征完全相同的细胞，再将由此而产生的靶细胞或组织移植到患者身上，这样的研究性克隆将有助于避免免疫排斥。

研究性克隆及人胚干细胞研究所面临的伦理争议的焦点在于人胚的道德地位。人胚的使用引起了出于道德、宗教以及其他理由而不赞成堕胎的人们的异议，以及反对一切破坏人胚行为的人们的反对。他们的论点是，人胚从受孕那一刻起就应该受到保护。因为从受孕那一刻起，一个新的生命开始了，只要条件许可，它就具备发育成一个独特个体的潜能。人的生命不应该为任何目的而牺牲，所以为研究而毁坏人胚毫无道理可言。

另一种不同的道德论点却认为：人胚确实应该得到应有的保护和一定的尊重，但是，与充分发育的婴儿相比，保护和尊重在程度上应该有所不同。从这个角度看，人胚的道德地位随着它的发育而逐步提高，一旦出生，它就有权享有人类的全部权利和应有的保护。人胚的道德地位不是绝对的，而是相对于其他的道德规范而言。因此，当将处于某一发育阶段的人胚的地位与减轻人类痛苦的道德原则放在一起权衡时，可以认为，为治疗患者而毁坏胚胎是正当的。尽管减轻痛苦在目前仍属假设，但这种论点为用于治疗目的的人胚研究提供了正当理由。

第三种道德论点指出，在胚胎发育过程中存在着某些改变人胚地位的重大转折点。例如，处于发育早期的人胚有可能发育成一个或多个个体，例如同卵双生，因为这时人胚的每一个细胞分开来，都有可能发育成单个胎儿。但是在某个时间段后，人胚便不再能发育成一个以上的个体，因为其细胞开始分化为特定的细胞类型，他们互不可分，共同组成一个完整的个体。这个“不可逆”点最早可在卵子受精后14天左右观察到，这时原条，也就是神经系统的原基出现了。因此，这一论点强调时间上的分界线，认为可以采用发育不到14天的人胚进行研究，以减轻他人痛苦的作用，而在14天后，胚胎的道德地位则比他人（可能获得的）利益更加重要。

有关人胚道德地位的这些论点，与各种宗教教义和社会文化价值观一起，影响了各国对于有关人胚保护和研究的各种法规的制定。

包括哥斯达黎加及德国在内的一些国家禁止以研究为目的而毁坏人胚的行为。他们反对使用体外授精得到的剩余人胚的论点之一是：植入子宫的人胚是（从形态上讲）“最好”的胚胎，因为它们是事先选择的结果。然而，比利时和英国等其他一些国家，则允许对受精后14天之内，即出现原条之前的剩余人胚或经培育的人胚进行研究。

与使用体外授精产生的剩余人胚不同，"治疗性"克隆可使用经过培育的人胚进行研究。有人认为，在治疗性克隆研究中，应将使用经培育的人胚与使用若不用则会被废弃的剩余人胚区分开来。基于这种观点，丹麦和日本等国家允许对剩余人胚进行研究，但是禁止纯粹为了研究而培育人胚。

出于研究目的而培育人胚需要收集卵子。这样，在获取卵子用于克隆人胚时可能会在伦理等问题上受阻。如果培育一个克隆人胚也和克隆动物一样，需要数百个未受精卵，那么这么多的卵子从何而来呢？从妇女体内获取卵子是具有侵害性的，而且这可能会导致对妇女的剥削和人卵的商品化，有些人对此深表忧虑。

成体干细胞能替代人胚干细胞吗

有关所谓"成体"干细胞或"体"干细胞的初步研究正在进行中，这些细胞并不来自人胚或胎儿，而是来自骨髓、脐带等，甚至来自于一个成年人的组织器官。事实上，在身体的多个器官和组织中都已发现了干细胞（方框二）。一个生物的成体干细胞为数不多，具有维护和修补组织细胞的功能，自20世纪60年代起科学家们就开始了对它们的研究。成体干细胞向特定的细胞类型的转化如果能在实验室中得到控制，对疾病的治疗可能大有帮助。

方框二

胚胎发育中的全能、泛能和多能细胞

受精卵是"全能"的，就是说它的任何一个细胞，如果置于子宫内，都有可能发育成胎儿。在受精数天后，这些"全能"的细胞开始特化，形成一个中空的细胞球，称为胚泡。胚泡就是将逐渐形成人体内几乎所有组织的内细胞团。尽管每个细胞本身不能再变成一个完整的胎儿，但是它们能产生许多胎儿发育所需要的不同类型的细胞。由于它们有可能分化为许多不同的细胞，所以它们是"泛能细胞"。又因为它们仅发现于人胚，所以被称为人胚干细胞。

随后，泛能干细胞进一步特化成能够产生管理特定机能的细胞的干细胞。例如，造血干细胞能分化成红细胞、白细胞和血小板，而皮肤干细胞则能产生各种类型的皮肤细胞。这些体细胞中的更为特化的"多能"干细胞称为成体干细胞。

成体干细胞的首要优点是其道德性质。由于它们不是来自胚胎，所以就不会引发与保护新生儿相关的异议。使用此类干细胞可能还有一个优点：如果它们来自患者自身，就可避免使用异体干细胞时可能出现的免疫系统排斥问题。但是，目前尚不清楚这些成体干细胞到底有多大用处。人胚干细胞可在实验室中大量培养，而成体干细胞在成熟的组织中为数不多。

对于成体干细胞研究的前景众说纷纭。过去，人们认为成体干细胞只出现在极少数的细胞类型中，而且仅仅发育成这类细胞；但是最近研究发现，人体内存在着多种类型的成体干细胞，而且它们能分化成其他类型的细胞。然而，一些研究人员指出，即便如此，该研究仍存在着局限性。例如，从患者身上提取大脑干细胞依然十分困难，也不是所有类型的干细胞都能在成体干细胞中找到。有些研究人员则相信，随着研究的进展，将会发现成体干细胞的更大的应用前景，这样，它们就能取代人胚干细胞的研究。

该课题主要还是侧重于基础研究而非临床应用。如果基础研究加深了人们对分化和去分化过程的了解，那么所有细胞都可能转化为干细胞，进而发育成更为特化的组织。这样，随着生命科学基础研究的发展，使用人胚干细胞所涉及的问题就可能只是暂时性的。

克隆与国际社会

20世纪末实验室研究迅猛发展，有关克隆的问题似乎将无休止地继续进行下去，因此建立和执行有关人类克隆的国际伦理和法律规范显得格外紧迫。另外，随着克隆技术的新发展及公众和政界的关注，与克隆有关的生命伦理范畴也在急剧扩大。

在国际上，继1997年“多莉”问世后，联合国的多个机构都对生殖性克隆问题进行了紧急研讨。例如，世界卫生组织的世界卫生大会在其1997年的WHO50.37和1998年的WHO51.10决议中申明：“进行克隆复制人类个体从伦理的角度来说是不能接受的，并与人类尊严和完整性相悖。”

就在1997年“多莉”问世后的第6个月，联合国教科文组织第二十九届大会通过了《世界人类基因组与人权宣言》，这一里程碑式的文件在对克隆问题日趋激烈的讨论中阐明了自己的立场。翌年，即1998年，联合国大会批准了这一《宣言》。

《宣言》共有25项条款，它重申人类基因组是“全人类的遗产”，确认了人类大家庭“固有的尊严和多样性”。《宣言》补充说，“不能把个人降格为其遗传性状"。另外，如前所述，《宣言》明文禁止人类的生殖性克隆（方框三）。

方框三

禁止人类的生殖性克隆

"违背人的尊严的一些做法，如用克隆技术繁殖人的做法，是不能允许的。要求各国和各有关国际组织合作，以便根据本《宣言》所陈述的原则，鉴别这些做法，并在国家或国际一级采取各种必要的措施。"（1997年《世界人类基因组与人权宣言》第11条）

联合国教科文组织政府间生物伦理委员会（IGBC）2001年5月在巴黎举行会议，鼓励各成员国"采取适当措施，包括立法和监管措施，以有效地禁止人类的生殖性克隆"。至于胚胎干细胞的研究，该委员会鼓励成员国"……与各有关方面就所提出的伦理问题展开讨论"。它还呼吁各国制定有关在治疗性研究中使用人胚干细胞的法律或法规，如有关从禁止人胚研究的国家进口或向它们出口人胚细胞的问题的法律或法规。

2001年10月联合国教科文组织总部召开了一次圆桌会，参加会议的有成员国和观察员国的101位科学部长或他们的代表，会议集中讨论了生命伦理问题。与会者肯定了保证世界科学界"研究自由的必要性"，但也号召研究人员"接受科技进步提出的挑战，未雨绸缪，而不是等事情发生后才作应付"。圆桌会议重申反对人类生殖性克隆的立场，要求成员国在对"构成不同社会的不同思想派别、价值体系、历史和文化背景以及哲学和宗教信仰"等因素给予重视的基础上"开展知情的、多元的、公开的讨论"。与会者还指出"生命伦理标准必须建立在真正民主的基础之上。"这一立场与教科文组织国际生命伦理委员会在此之前（2001年）关于"治疗性研究中干细胞的使用"报告的立场是一致的（方框四）。

方框四

2001年国际生命伦理委员会关于"治疗性研究中干细胞的使用"的报告

55.A）国际生命伦理委员会认为，人胚干细胞研究这个课题值得在各国范围内展开讨论，以便确定对这一问题应采取的立场，包括是否放弃这一研究……

B）……在考虑是否允许把体外授精剩余的着床前的人胚捐献给治

疗性人胚干细胞研究时，应该特别注意保护捐献人胚的父母双方的尊严和权利……

欧洲委员会也尝试为科学研究和克隆的做法确定一个多边性框架，于1997年4月通过了《在生物学和医学的应用中保护人权以及人类尊严的公约》《公约》(《奥维多（Oviedo）公约》)。该公约禁止以研究为目的而培育人胚。即使在那些允许用体外授精人胚作研究的国家，也要求对人胚加以适当的保护。1998年1月12日，该委员会公布了《人权以及生物医学公约关于禁止克隆人的附加议定书》以待批准。该议定书将克隆描述为一项有价值并符合伦理的生物医学技术，并且承认目前在人胚未分化细胞克隆的问题上存在着不同意见。该议定书尚未获得委员会多数成员国的批准。它虽然对研究性细胞克隆没有表明具体的立场，但是禁止随意进行人的克隆，认为这种做法将危及人类的地位。

这些决议的产生以及该问题的严重性，促使联合国大会根据法国和德国的提议于2001年开始进行讨论，以草拟一份反对人类生殖性克隆的公约，作为监管此类现象的最佳和最合理的手段。教科文组织支持这一项目，在科学、技术、伦理、哲学和法律领域作出了实质性贡献。它赞同成立特设委员会对草案进行审议，并向委员会成员提供了大量教科文组织在生命伦理方面的文件。联合国的成员国在以下两个观点上存在分歧：(1) 对生殖性克隆及研究性克隆实行全面禁止；(2) 只禁止生殖性克隆，而研究性克隆可另当别论。联合国在2003年大会所召集的工作组未能解决这一意见分歧的情况下，将对该问题的讨论推迟至2004年的大会上进行。

2002年底，一个宗教派别在媒体上声称已经克隆出第一个人。这则消息虽然未经证实，但说明制定克隆指导原则已迫在眉睫。教科文组织总干事松浦晃一郎先生立即提醒国际社会采取行动。总干事说，“这则消息不管是否已被证实，都让我们确信，各国及全世界范围内迫切需要采取各种措施禁止人类克隆实验。因为人类克隆不但从科学角度说是冒险的，而且在伦理上也是不可接受的，对人类尊严的侵犯已到了令人无法容忍的地步。”他又说，“如果科学技术脱离一切伦理原则而自行其是，人类就不能进步。”总干事号召各国的政治领导人加强合作，“采取一切相应措施……尽快对这些挑战做出回应，因为它们威胁到人类存在的不可替代的独特性。”

当前的伦理问题讨论

有关如何监管克隆技术问题的讨论要求各个领域的专家与广大民众共同参与，因为生殖和人胚的道德地位触及了人的"生命"的根本涵义。每个社会都有其业已形成的生命的概念、价值观以及生殖规则，它们深深地植根于文化、传统和宗教教义之中。然而，遗传学和生物技术的迅猛发展能轻易地超越国界而对现存的价值观念提出挑战。因此，在全世界范围内就克隆问题进行协调并制定规则的需要日益迫切。出于对每个社会的尊重，管制某些技术应用的规定当然可以因国而异，但是"人类尊严"的根本价值依然是指导我们解疑的试金石。

（摘自 http://unesdoc.unesco.org/images/0013/001359/135928cb.pdf）

五

世界各国关于人的生殖性克隆和治疗性克隆的立法

巴黎，2004年7月

联合国教科文组织科学技术伦理部

1. 导　论

自从1997年第一只由“克隆”产生的哺乳动物——“多莉羊”成功问世以来，国际社会就开始担忧克隆技术应用于人类可能会产生的问题。一些国家对此类公众恐慌迅速做出了应答，以官方声明、法令或法律的形式禁止人的生殖性克隆。

国际上，《世界人类基因组与人权宣言》于1997年联合国教科文组织大会在一片喝彩声中获得全票通过。这是国际上第一份反对违背人类尊严的人的生殖性克隆的文件。该宣言的第11条声明，“侵犯人类尊严的一些做法，如人类的生殖性克隆，是不能允许的。敬请各成员国和各有关国际组织合作，鉴别那些违背人类尊严的做法，并在国家或国际一级采取各种必要的措施，保证本《宣言》所陈述的原则得到尊重。”

从区域这一级来说，1998年欧洲“关于生物学和医学应用中的人权和人类尊严的保护”委员会大会提出了禁止克隆人类的附加议定书，并于2001年3月1日开始实行。该议定书的第1条声明，“禁止任何企图制造和另一个人遗传上相同的复制品的人工操作，无论那个人仍在人世或已经死亡。”这一议定书在克罗地亚，塞浦路斯，捷克共和国，爱沙尼亚，乔治亚苏维埃社会主义共和国，希腊，匈牙利，立陶宛，摩尔多瓦共和国，葡萄牙，罗马尼亚，斯洛伐克，斯洛文尼亚和西班牙已经得到批准，并在另外31个国家等待批准。

然而，从国家这一级来说，只有30个左右国家通过了或明确或含蓄地禁止人的生殖性克隆的法律或法令。此外约有20个国家正在准备或审查这样的法律。尽管对于治疗性克隆存在不同立场，尚没有一个国家允许人的生殖性克隆。显然，目前国际上已经就抵制人的生殖性克隆达成了共识。不过将这一共识落实到国家级法律中仍然是一个主要目标。

为了给联合国各成员国提供关于人类生殖性和治疗性克隆的现有国家级法律的概览，特起草了本文件。它将帮助尚没有此类法律的国家考虑采用类似法律。

什么是克隆

"克隆"就是产生遗传上相同的植物或动物的细胞、组织或完整个体的技术，它在生物学领域得到了广泛应用。在现有与人的克隆有关的法律文本中，"克隆"指人工制造和另一个存活或死亡的人胚、胎儿或个体遗传上相同的复制品的技术。

目前，已知有两种制备遗传上相同的哺乳动物的方法：胚分割和体细胞核移植(SCNT)。胚分割就是将发育极早期的胚的细胞分成两个或两个以上的部分，然后植入子宫。所分离的细胞发育成一个和其他细胞遗传上相同的完整个体。这个过程有时能自然发生，产生相同的孪生子。体细胞核移植，另一方面，则尝试通过无性生殖培育胚。一个体细胞的细胞核将被置入去核卵中，而不是融合雄性和雌性配子。因此，以这种方式培育的胚遗传上和细胞核的供体细胞近乎相同。

什么是生殖性和"治疗性"克隆

培育遗传上相同的胚的一个可能原因是这样的胚植入子宫后，将诞生一个与另一个人具有相同遗传特性的婴儿。通常这就叫"生殖性克隆"。

另一方面，所谓的"治疗性克隆"则是指通过体细胞核移植培育用作治疗目的的克隆胚，例如无需诱发怀孕而得到胚胎干细胞。治疗性克隆有可能产生与病人具有遗传相容性的细胞、组织或器官，因此可以用来治疗疾病或物理损伤。治疗性克隆的这一潜力一直是国际社会激烈讨论的问题。为了治疗之用，病人体细胞的细胞核将被转移至未受精的去核卵，继而发育成人胚。在获取干细胞的过程中，人胚将遭到破坏。由于目前这一治疗性潜力还不明确，我们最好称之为"研究性"克隆，而不是"治疗性"克隆。

关于生殖性克隆的规定

目前，没有一个国家的法律或方针允许人的生殖性克隆。现有的国家级法律中共有三种禁止生殖性克隆的途径，如下：

(1) 禁止克隆胚的培育（经由胚分割或体细胞核移植）；

(2) 禁止将克隆胚植入子宫；

(3) 禁止通过任何方法试图人工制造与另一个存活或死亡的个体（人胚或胎儿）遗传上相同的复制品。

关于“治疗性克隆”的规定

另一方面，不同的国家级法律对于“治疗性克隆”所执的立场和所作的规定有所不同。法律文本中很少提及关于用体细胞核培育人胚的规定，但是有关这些人胚培育的规定通常列在人胚研究下。目前，关于人胚研究有三种态度：

(1) 一般来说，禁止人胚研究（除一些特例以外）和/或为了研究目的而培育人胚；

(2) 允许用体外授精所产生的剩余人胚进行研究，但是禁止为了研究目的而培育人胚；

(3) 在严格的限定条件下，允许为了研究目的而培育人胚。

第一和第二种态度被视为禁止治疗性克隆，第三种态度则理解成在人胚研究的特定条件下，可能允许治疗性克隆。然而，第一种态度中禁止治疗性克隆的例外情况倘若是“用于防病、治病的研究”或“用于治疗目的的研究”，这种态度仍然有些含糊不清。有些国家将例外情况理解成允许治疗性克隆。一些国家正在审查和修订现有法律中这些含糊的文本，澄清对治疗性克隆的态度。例如，丹麦1997年的医疗辅助生殖的第460条法令明确通过禁止体细胞核移植的研究而禁止治疗性克隆。与之相反，2001年英国修订了1990年的人类生殖与胚胎法，添加了允许为了研究目的而培育人胚的特定情况，如“增加对人胚发育和重大疾病的了解，并使这类知识疾病用于研制重大疾病的治。”从而阐明了有利于治疗性克隆的立场。

鉴于治疗性克隆是一种相对比较新的技术，一些法律文本没有提及这一技术的应用，故应当鼓励各国进一步通过审查或修订现有法律而明确对治疗性克隆的态度。

2. 各国法律一览

下面是管制使用人类遗传物质的克隆技术的现有国家法律、官方方针和意见，以及正在讨论中的法律草案。

阿根廷

阿根廷总统在1997年3月的一个法令中声明，与人类有关的所有克隆实验应一律予以禁止，并要求卫生与社会行动部为此准备一个草案。现在国会已收到三个相关的草案——100/03号 (2003), 827/00号(2000)和0269-D-01号(2001) 草案。有两个省制定了在其本省内禁止与人有关的克隆实验以及人的生殖性克隆，一个是Mendoza省1998年的6581号法律，另一个是Cordoba省的2003年的9072号法律。

澳大利亚

2000年的基因技术法令于2001年9月生效，明文禁止"人的克隆"，违者将予以刑事制裁(192B节)。它这样定义"人的克隆"："为了制造一个与某一个体遗传上相同的复制品或后代而使用的技术。"维多利亚，西澳大利亚和南澳大利亚已经将2000年的基因技术法令中的规定编入各自的州法中。

此外，2000年的基因技术法令于2002年9月被历史性地分成2002年的禁止克隆人的法令和2002年的关于人胚研究的法令，这两个法令在2002年12月19日获得了批准。禁止克隆人的法令适用于为了生殖及其相关目的培育克隆胚，将克隆胚植入子宫的尝试，以及这类人胚的进出口。

"如果某人故意培育人胚克隆，判之为有罪（Part 2, Division 1, Section 9)。

如果某人故意将人胚克隆置于人或动物体内，判之为有罪（Part 2, Division 1, Section 10)。

如果某人故意将人胚克隆进口到澳大利亚，判之为有罪（Part 2, Division 1, Section 11 (1))。

如果某人故意将人胚克隆出口到澳大利亚，判之为有罪（Part 2, Division 1, Section 11 (2))。

任何违反这一禁令的人都将被判处15年监禁。

奥地利

关于医疗辅助人类生殖的法律于1992年9月通过，含蓄地禁止人的克隆。法律的第九条声明，不能将人受精卵或来自于受精卵的细胞用于医疗辅助人类生殖以外的目的；严厉禁止任何胚系操作。任何违反这条法律或违反未遂者都将受到行政或刑事诉讼。

比利时

2003年5月11日的关于体外人胚研究的法律中第六条这样写道："禁

止人的生殖性克隆。”第三条则在一定前提下允许用于治疗以及科研目的的体外人胚研究，即目前没有其他同等有效的方法并对研究条件加以严格限定，如允许质量合格的大学实验室在受到地方或联邦监管的情况下对14天内的人胚进行研究。第四条禁止为了研究目的而培育人胚，但是也有例外，如剩余人胚不能达到研究目的时，可以在第三条中所提到的体外人胚研究的严格条件下用它们来做研究。

巴西

1995年关于基因工程技术的使用和基因工程生物的环境释放的8.974法律第八条明文禁止人的生殖细胞的基因操作以及人类遗传物质的体外操作。用于治疗目的的基因操作，在经过某些伦理学审查和政府预先批准后，可能得以豁免。巴西科技部下属的生物安全性技术委员会对该法律进行全面分析后，于1997年发布了两个规范性的指导细则，阐明计划中的人的生殖性克隆的禁令，特别指出人的生殖细胞的基因操作包括细胞核转移技术。

加拿大

加拿大于2004年3月采用了关于辅助人类生殖及其相关研究的法令（辅助人类生殖法令），禁止生殖性和治疗性克隆。法令的第五条声明：“禁止任何人故意(a)克隆人或将克隆人植入人体、人类以外的生命形式或人造装置中，不管采用何种技术；(b)培育体外人胚，而其目的并非是为了产生人的个体，亦非为了改善辅助生殖或为辅助生殖提供指导；(c)为了产生人的个体而经由人胚的一个细胞或细胞的一部分来培育人胚，或将这样培育出来的人胚植入人体。”然而，允许获得执照者在一些规章范围进行人胚研究，这也许会为允许在特定条件下开展人胚干细胞研究开通了道路，例如使用剩余人胚。

智利

智利已经推行关于人体与人类基因组的科学研究以及禁止人的克隆的1993-11号法案。该法案明文禁止人的克隆以及任何将产生与另一个已故或在世的人遗传上完全相同的个体的操作。

中国

中国卫生部于2003年8月发布了《人类辅助生殖技术规范》，同年10月开始施行。规范中声明“禁止为了治疗不孕症而进行细胞质转移或胚泡转移，禁止人类的生殖性克隆（3.7和3.15段）。”明确禁止人类的生殖性克隆。同时，卫生部还于2003年8月发布了《人类辅助生殖技术与人类精子库的伦理原则》，也是在同年10月生效。其中提到“在安全性问题还没有得到解决的情况下禁止为了治疗不孕症而进行细胞质转移或胚泡转移(1.3.g段)。"允许为了治疗目的开展克隆研究。

香港于2003年6月制定了人类生殖技术法令。法令的第15节声明:"禁止任何人——（…）(a) 为了人胚研究的目的——(b) 培育人胚；(c) 用其他细胞的细胞核取代人胚中的细胞的细胞核；(d) 或克隆任何人胚。"

哥伦比亚

2000年的599号对某些基因操作施以刑事制裁，限制人胚授精和买卖。在特定条件下，如为了研究遗传病或残疾时，某些领域的遗传密码操作不在此禁令之列。然而，严格禁止用于人类生殖以外的目的的人胚受精和买卖，与禁止配子和受精卵的买卖一样。现在国会收到了好几个可能扩充或修订这项立法的法案。

哥斯达黎加

24029-S号法令——1995年2月3日的辅助生殖规则的第11条禁止任何形式的人胚遗传密码操作以及人胚试验，含蓄地禁止治疗性克隆与生殖性克隆。

丹麦

按照源于科学伦理委员会系统以及1992年生物医学研究管理计划的503号法令，禁止克隆研究（制造遗传上相同的个体）。1997年关于医疗辅助生殖的460号法令进一步禁止人的生殖性克隆和体细胞核移植（治疗性克隆）的研究。1997年的这一法令依据427号法令在2003年6月做了修订，允许为了治疗目的对体外授精产生的多余人胚以及源于这些人胚的干细胞进行研究。所有这些研究事先要经过现有委员会系统的批准。

埃及

目前正在考虑一项关于人的生殖性克隆的草案。与一个伊斯兰研究院的报告一致，埃及当局发表了一项声明，严格禁止人的生殖性克隆的试验性研究，在人权和人类尊严受到尊重的前提下，准许为了治疗目的对人体组织和细胞克隆进行研究。

芬兰

按照芬兰医学研究法令(488/1999)，同禁止为了研究目的而培育人胚（第13节）一样，禁止以克隆人类为目的的研究（第26节）。为了改变遗传特性而进行的人胚或配子研究也同样予以禁止，除非研究目的是治疗或预防严重的遗传疾患（第15节）。人们将现有法令解释成在特定条件下（第11～

13 节）允许治疗性克隆。违者一经发现，将处之以罚款或监禁。

法国

应法国总统希拉克的要求，卫生以及生命科学领域的国家咨询伦理委员会(CCNE)发布了 1997 年 4 月 22 日的第 54 号声明，断言“人的复制将使其基因组不再是遗传随机产生的结果，而依赖于另一个人的意愿；任何复制人的尝试都将严重危及生命的不确定性以及人的其他基本特性”，并号召全世界联合起来，抵制生殖性克隆。

1994 年 7 月，法国采用了管制医学、生殖技术、遗传以及器官移植领域中的实践的生物伦理法。生物伦理法包括了健康法、刑法、知识产权法以及民法中与人体相关的条款。2004 年 7 月，在冗长而激烈的讨论后，法国采用了经修订的生物伦理法。这一新法律明确禁止人的生殖性克隆和治疗性克隆。关于生殖性克隆，第 21 条声明：“禁止任何用来制造和某一已故或在世的个体遗传上相同的孩子的操作。”

对于治疗性克隆的陈述如下。第 25 条：“禁止为了研究目的通过授精或克隆培育人胚。禁止为了商业或工业目的通过受精或克隆培育人胚。同样，禁止为了治疗目的通过克隆培育人胚。”

对于一般的人胚研究，第 25 条也声明道，“禁止人胚研究。”这一条接着描述了几个特例，其中包括自法律生效之日起5年内开展的政府特批的研究，以及能引起治疗上的重大进步而其他方法都不能产生同等效力的研究。然而，这些特例中只允许使用为了生殖目的而体外培育的、但又不再用作生殖的人胚，事先要经过供体的知情同意。不管哪种情况，此类研究需要得到这一法律所建立的生物医学机构的批准。

格鲁吉亚

1997 年 12 月 10 日的卫生保健法的第 142 节声明：“(1) 禁止用基因工程的方法克隆人类。(2) 政府将按照法律管理基因工程领域的研究。”

德国

1990 年的人胚保护法明文禁止为了任何目的而尝试进行人的克隆。

(1) 如果某一人胚携带与另一人胚、胎儿、个体或故去的人完全相同的遗传信息，那么任何人为地使这类人胚发育的人，将被判处5年监禁或罚款。

(2) 同样，任何将上述人胚植入妇女的人都将受到处罚。

(3) 任何尝试都将受到处罚。

这一法律还禁止为了生殖以外的任何目的的人胚培育和使用。然而，

2002年通过的干细胞法准许进口源于2002年1月1日前的剩余人胚的人胚干细胞，但事先需得到一个监察团的批准。

希腊

1998年卫生委员会的声明明确禁止生殖性克隆。最近采用的关于医疗辅助人类生殖等问题的3089/2002法律这样陈述，"禁止用克隆方法进行人的繁殖"。根据这一法律，只有在"为了解决不孕不育症或为了防止重大疾病遗传给孩子时"才允许培育人胚。然而，允许为了治疗目的而使用剩余人胚进行人胚研究。

冰岛

冰岛人工授精法（55/1996）第12条禁止：

"a）为了纯粹的研究目的而培养或生产人胚；b）进行克隆。"

按照第11条，一般来说人胚研究都在禁止之列，但下列情况除外："a）如果人胚研究是体外授精的一部分；b）如果研究目的是为了诊断人胚本身的遗传病；c）如果研究目的是为了辅助不孕不育症的治疗；d）如果研究目的是为了增加对先天性疾病和流产的病因的理解。"违反者将处以罚款或监禁。

印度

2000年印度医学研究委员会就人体的生物医学研究的伦理指导原则发布了一个咨询性文件。有关遗传学的一节中声明："由于克隆的安全性、成功率、实用性以及伦理学上的可接受性都还不确定，现今禁止一切意在制造某个人的复制品的克隆研究（不管是通过核移植还是胚分割）。"虽然印度政府关于人类基因组、遗传学研究及其服务的伦理政策禁止生殖性克隆，但是对于治疗性克隆，国家生物伦理委员会将视具体情况而决定是否禁止。

爱尔兰

2000年爱尔兰成立了人类辅助生殖调查团。调查团综合考虑所有与人类辅助生殖有关的社会、伦理以及法定政策因素后，将对管制人类辅助生殖的方方面面的可用手段作一个报告。这样人的克隆也在调查团的调查范围内。调查团的报告可望公之于世。

以色列

1999年禁止遗传干预的法律（人的克隆和生殖细胞的基因工程法）声明，在未来5年内，禁止任何意欲使用经过永久的人为基因改造的生殖细胞来克隆一个人类个体或制造一个人类个体的人体细胞干预行为。任何违反这一规定者将被判处监禁（第6节）。然而，该法第5节为这一普遍适用的禁令开了一个免禁特例：在不危及人类尊严的前提下，卫生部可以准许使用经过基因改造的生殖细胞制造一个人类个体。

意大利

意大利在等待通过一项关于辅助生殖的富有争议的法律期间，制定了1997年3月5号法令，禁止实施人或动物的克隆。它声明："禁止任何形式的直接或间接地以人或动物的克隆为目的的试验或干预，不管使用何种实施方法"（第1条）。根据这一法律提案，任何人若实现从某一起始细胞获得与另一生者或死者遗传上相同的人类个体的企图，将被判处长达20年的监禁，并予以巨额罚款。

日本

管制人的克隆技术以及其他类似技术的法律于2000年11月通过，2001年6月生效。它通过禁止将克隆胚移植入妇女或动物的子宫而防止了克隆人的出生。

"禁止任何人将人体细胞克隆胚、人和动物的融合胚、人和动物的杂种胚或人和动物的嵌合胚植入人或动物的子宫。"（第3条）克隆胚的生产和胚的研究受制于关于管理指定胚的指导原则。这一指导原则由教育、文化、体育和科技部大臣颁发。根据2001年12月颁发的指导原则（关于管理指定胚的指导原则），只准许用14天之内的体外授精所产生的剩余人胚开展胚的研究。2004年7月，科技理事会的生物伦理委员会发布了一个报告，得出结论：只在严格的限定条件下准许为了研究目的而培育胚胎，包括克隆胚；应当促成监测体系的建立。教育、文化、体育和科技部与卫生、劳工和福利部将根据这一报告就上述内容修订现行指导原则。

大韩民国

2003年12月底国民大会通过了生物伦理法。该法严禁任何情况下的生殖性克隆，违者将处以长达10年的有期徒刑；管制人胚干细胞研究；并主张成立国家生物伦理委员会。根据这一法律，禁止为了解决不孕不育症以外的目的而培育人胚。只有用于解决不孕不育症的剩余人胚可以用作研究。然而，政府将根据国家生物伦理委员会所草拟的指导原则批准对体细胞核移植作有限的研究。

拉脱维亚

拉脱维亚国会在2002年1月通过了性卫生与生殖健康法，该法律于同年7月生效。法律的第16条禁止使用克隆人或医学技术培育与另一生者或死者遗传上相同的个人。欧洲委员会《人权及生物医学公约关于禁止克隆人的附加议定书》正在待批中，附加议定书涉及对人的克隆的禁止。

黎巴嫩

黎巴嫩国家生物伦理顾问委员会正在准备全面禁止人的生殖性克隆的法律草案。

墨西哥

1997年5月7号的普通卫生法及其卫生保健研究领域中的规定的一些条款可以被认作是对禁止克隆人警示。法律的第100条和规定的第13、15条声明人类的利益高于科学的利益；法律的第319条禁止人体器官、组织以及细胞的买卖；法律的第100条和300条，规定的第14条和第36条要求只有征得人体研究、器官捐献和移植所涉及的个人的明确同意后，方可使用有关的人体器官、组织以及尸体；法律的第330条禁止因任何目的而使用人胚组织或胎儿组织。

荷兰

荷兰于2002年7月采用了人胚法，该法案禁止人的生殖性克隆，对人胚研究严加管制。该法案考虑到错开各节的生效日期，最终将由王室政令决定。第24（a）节禁止为了诱发妊娠以外的研究目的而培育或使用人胚，将在生效后5年内失效。第24（f）节禁止以生产人类个体的遗传复制品为目的的配子或人胚操作。违反者将处以1年监禁或罚款。

第24（a）节一旦失效，第9、24（b）和11节将适用。它们明确禁止为了科研目的而培育或使用人胚，但是如果这些研究很有可能为不孕不育症、人工生殖技术、遗传性或先天性疾病以及移植医学带来新的了解，而且只有用人胚才能开展这些研究时，可以破例。只有"能够合理地评估自身研究的重要性的成人"（第9（1）节）才能决定为了生殖以外的目的而使用专门培育的人胚。

新西兰

新西兰在制定综合性立法体系期间，2002年医学（受限制的生物技术）修正案临时提供了生殖性克隆的管理办法。根据这一法案，卫生部部长不准许生殖性克隆这类做法，但是下列情况除外：

（a）某一做法或某类做法对公众的健康或安全没有构成不可接受的风险；

（b）某一做法或某类做法所构成的风险将得到妥善的控制；

(c) 任何伦理问题都已得到充分解决；

(d) 任何文化问题都已得到充分解决；

(e) 任何宗教问题都已得到充分解决。

新西兰于1996年、1998年曾分别提出两个管制人类辅助生殖的法案，即人类辅助生殖技术法案（HART）和人类辅助生殖法案。然而，考虑到有关人类辅助生殖的科学知识的迅猛发展，新西兰政府认为有必要更新这些法案，现在正在制定管制人类生殖技术的综合性大纲。2001年，政府决定用一个特别委员会收到的补充命令状（SOP）修订HART法案，以便可以在2003年5月收集公众意见。政府的目的是于2004年年初颁布最终的法律。这一法律提案将是人的生殖性克隆的永久性的立法大纲，取代2002年的法案。补充命令状（SOP）禁止生殖性克隆，但是对治疗性克隆还需进一步做调查，控制措施有待制定。

挪威

1994年56号法律的第三章涉及生物技术的医学应用，其中禁止人胚研究以及使用技术生产人类个体的遗传复制品。2002年7月，政府向国会提出一个法案，建议明文禁止通过治疗性克隆生产供医学研究用的人胚干细胞。

巴拿马

2001年5月，巴拿马成立了国家生物安全和生物伦理委员会，该委员会负责起草与遗传的生物安全性、基因治疗以及克隆有关的法案。

秘鲁

1997年7月20号的普通卫生法（No. 26842）的第7条既禁止人的生殖性克隆，也禁止非生殖目的的人体卵母细胞受精。根据秘鲁刑法第234条，使用任何基因操作克隆人者将被判处6个月至8年的监禁。

菲律宾

菲律宾众议院通过了一项禁止人的克隆及其处罚违者的法案，该法案还有待国会和参议院的审核和批准。

葡萄牙

1997年4月1日，葡萄牙国家生命科学伦理委员会（CNEV）采用了21/CNEV/97号法律，它声明“由于人的克隆对人类尊严、社会中的物种和生命平衡所构成的威胁，它在伦理上是不可接受的，必须加以禁止。”

俄罗斯联邦

2002年4月，俄罗斯联邦采用了临时禁止人的克隆的法律。根据这一法律，在今后五年内禁止"通过将人体细胞植入去细胞核的雌性配子而培育与另一生者或死者遗传上相同的人类个体"。在这个时期内，这一法律还禁止人的克隆胚的进出口。按照联邦法律，违反者将收到起诉。然而，刑事法规与行政法规都没有详细说明对克隆行为的处罚。

新加坡

2002年6月21日，新加坡生物伦理顾问委员会（BAC）发布了一个关于"人胚干细胞研究、生殖性和治疗性克隆中的伦理、立法与社会问题"的报告。委员会建议全面禁止生殖性克隆，并只在严格的限定条件下允许治疗性克隆。建议7声明：

"应当全面禁止将克隆技术产生的人胚植入子宫，或意在使人胚发育成存活婴儿的处置。"

报告还议定只有在下列情况下才允许用IVF（体外授精）或SCNT（体细胞核移植）培育人胚：(1) 这些研究具有极大的科学价值和潜在的医学应用；(2) 除此以外没有其他可接受的选择；(3) 被提议的法定机构视具体案例而决定批准的一小部分研究。

2002年7月18日，政府批准了委员会的建议。

斯洛伐克

根据277/1994号卫生保健法和斯洛伐克刑法典，禁止人的生殖性克隆和治疗性克隆。

277/1994号卫生保健法声明："禁止任何企图制造与另一生者或死者遗传上相同的人类个体的干预。"（第46条）

同一法案的第42条第3c小段含蓄地禁止治疗性克隆，它声明："禁止用人胚或胎儿开展与医疗无关的研究。"

而且，根据2003年9月1日提出的斯洛伐克刑法典第246a条，克隆人类者将受到刑事制裁。该条款如下：

"1）任何人若采用任何方式企图制造与另一生者或死者遗传上相同的任一发育阶段的人类个体，都将被判处3年至8年的监禁，或被勒令停止这些活动，或处以罚款；

2）下述违反者将被判处5年至12年的监禁：

(a) 以一个有组织的团伙的成员的身份犯下第1段所说的罪行；

(b) 不能为他/她本人或其他人从中获取显而易见的利益。"

西班牙

35/1988号法律的第六章第20条涉及人类医疗辅助生殖，认为通过克隆复制人类或通过任何其他技术进行种族选择都是对人权的严重侵害，应当予以刑事制裁。它也禁止为了生殖以外的目的而试图用受精或非受精的方式培育人胚。

南非

1983年的人体组织法含蓄地禁止人体细胞的克隆。第39A节声明："尽管这一法案或其他法律中包含前后矛盾之处，但是这一法案的任何规定都不能被解释成允许配子或合子的体外基因操作。"

1998年，国会收到了一项要求禁止人的克隆的法案。然而，由于同年过些日子将要讨论的国家卫生草案中将述及这个问题，国会没有接受这项提案。然而，目前国家卫生草案仍在等待审查。

瑞典

1991年3月的115号法律涉及为了研究或治疗目的而采取的人类受精卵的处置方式，其中含蓄地禁止人胚或人卵细胞克隆，违者将予以刑事制裁。它声明试验不能以开发将导致遗传效应的方法为目的。

2001年12月，瑞典调查委员会宣称为了治疗目的而通过体细胞核移植培育胚胎"在伦理上是说得过去的"，但是瑞典政府有必要事先为之拟定法律。

瑞士

瑞士联邦宪法明文禁止所有形式的克隆。"禁止所有形式的克隆以及对人体生殖细胞和人胚的遗传物质的干预（第119条，第2段）。"于2001年1月1日生效的1998年关于医疗辅助生殖的联邦法律（SR.814.90）明确禁止人胚和人卵细胞克隆，违者予以刑事制裁。2002年11月，联邦委员会在呈报给国会的关于人胚研究的法律的消息中指出，联邦宪法的第119条第2段也包括禁止治疗性克隆。

泰国

泰国医学委员会于2002年6月发布了关于人的克隆的管理规则，其中指出禁止人的生殖性克隆。此外，国家基因工程和生物技术中心（BIOTEC）以及国家卫生基金会（NHF）所管理的生物伦理和高等生物医学研究计划于2003年11月提出了干细胞指导原则，其中也禁止人的生殖性克隆。

特立尼达和多巴哥

1999年上院的第4号法案——一项关于人类生殖技术以及与人类生殖

相关的商业交易的法案——明确禁止人的生殖性克隆。该法案的第3条声明:"禁止任何人故意a)为了生产与另一生者或死者或受精卵、人胚、胎儿含有相同遗传信息的受精卵或人胚而操作卵子、受精卵或人胚,或将这样产生的受精卵或人胚植入妇女体内(…)。"

突尼斯

应卫生部长的要求,1997年突尼斯国家医学伦理委员会审查了克隆问题。初步讨论后,委员会的技术部得出结论,应当禁止任何人的克隆技术。它认为人的克隆破坏人类生殖,损害人类尊严,允许人的克隆将为所有形式的滥用敞开大门。

英国

1990年人类受精与胚胎学法案中embryo的定义是"受精完全时存活的人胚"。2001年11月15日高级法院决定细胞核替代所生成的人胚不在这一法案管辖之列,之后,2001年12月颁布了2001年人的生殖性克隆法。该法案明确禁止生殖性克隆,声明"任何人若将经由受精以外的方式生成的人胚植入妇女体内,即构成犯罪。"

然而,2002年1月地区法院推翻了高级法院2001年11月15日的决定,认为细胞核替代所生成的人胚可以被视作人胚,因此也受1990年人类受精与胚胎学法案的管制,而人类受精与胚胎学法案允许培育人胚以及使用原条出现以前的人胚开展研究。根据这一法案,人类受精与胚胎学权威人士制定了一个实践规范,允许为了以下目的开展人胚研究:

为了促进不孕不育症的治疗;

为了增加对先天性疾病病因的了解;

为了增加对流产原因的了解;

为了开发更加有效的避孕技术;

为了开发检测基因或染色体异常的技术。

2001年,制定了新的规定,允许为了下列目的而培育人胚:

为了增加人胚发育的了解;

为了增加重大疾病的了解;

为了将这些知识应用于重大疾病的治疗。

因此,这一修订案连同2002年1月法院的决定为人类受精与胚胎学权威人士颁发治疗性克隆执照开通了道路。

美国

2003年2月底,美国众议院通过了一个禁止人类生殖性和治疗性克隆的法案。根据这一法案，任何人如果“进行或尝试进行人的克隆；参与克隆人的尝试；或不管何种原因运输或接受人的克隆所产生的人胚以及其他产物”(H.R.534－2003人的克隆禁止法案）都将是违法的。违反这一法案者将被判处十年监禁以及一百万美元以上的罚款。

这一提案得到了布什政府的强烈支持，已经递呈到美国参议院，并已排在投票表决的日程上。众议院去年夏天通过了一个禁止治疗性克隆的法案，但在参议院却由于严重的意见分歧未能达成决议，甚至在各政党内部都没有共识。人们期望一位长期以来反对人胚克隆的共和党医生作为新的参议院多数党领袖，将努力促成对所有形式的人的克隆的全面禁令的通过。

有8个州通过了明确禁止人的生殖性克隆的法律，5个州禁止任何理由的人的克隆。另外至少有22个州提出了宣布人的生殖性克隆是不合法的法案。

乌拉圭

人类辅助生殖草案（3181/2003）禁止人的生殖性克隆，违反者将予以刑事制裁。第20条声明，为了培育一个人的遗传复制品而通过克隆操作人体细胞或遗传物质者，以及将此类人胚植入妇女子宫者将被判处2至6年监禁。对于通过克隆培育了一个以上人的个体者，服刑期则为3至9年。

越南

越南政府已经发布禁止人的克隆以及代理受孕的法令，于2003年5月生效。

3．各国法律概要

有些国家提出了措辞明确的管制人的克隆的法律，而有些则审查了他们现有的国家法律，断定可以将这些法律理解成对人的克隆的含蓄管制。对人胚遗传操作或医疗辅助生殖中的胚系操作的禁止就可以理解成对人的克隆的含蓄管制。

总之，共有23个国家采取了明令禁止人的生殖性克隆的法律，7个其他国家则将各自的现有法律解释成对人的生殖性克隆的含蓄管制。有三个国家在一定时期内实行了暂时禁止生殖性克隆。6个其他国家则提供了表示反对生殖性克隆的官方态度的方针或报告。另外10个国家正在为了同一目标而起草法律。

至于治疗性克隆，目前产生了两大类关于为了研究目的而培育人胚的规定，或含蓄或明确地禁止或允许开展治疗性克隆。5个国家采取了在严格的限定条件下允许为了研究目的而培育人胚的法律，可能正在为通过核转移培育人胚开通道路。四个国家发表了支持治疗性克隆研究的官方方针或报告。

另一方面，15个国家采取了禁止培育人胚的法律，除非是用作生殖或导致破坏胚胎的研究。一个国家发表了列有禁止培育人胚的规定的官方方针。

有8个国家正在准备或审查关于治疗性克隆或为了研究目的培育人胚的法律。然而，在某些情况下，关于治疗性克隆的潜力的严重意见分歧阻碍了这些法律的通过。

总而言之，对生殖性和治疗性克隆加以管制的国家相对来说还很少。应当进一步鼓励各国在全国范围内开展相关规章制度的讨论。

(译自 http://unesdoc.unesco.org/images/0013/001342/134277e.pdf)

六

禁止人的生殖性克隆国际公约特设委员会的报告

2002年2月25日至3月1日

联合国

第一章　导　言

1. 大会在其2001年12月12日第56/93号决议执行部分第1段决定设立禁止人的生殖性克隆国际公约特设委员会，以审议拟订禁止人的生殖性克隆国际公约问题。根据大会同一决议第3段，特设委员会于2002年2月25日至3月1日在总部召开会议。

2. 根据第56/93号决议第1段，特设委员会对联合国所有会员国、各专门机构或国际原子能机构的成员开放。此外，执行部分第2段请秘书长邀请从事生物伦理领域工作和对此领域较为关注的专门机构，特别是包括联合国教育、科学及文化组织（教科文组织）和世界卫生组织（卫生组织），作为观察员参加特设委员会的工作。

3. 联合国法律顾问汉斯·克雷尔代表秘书长主持了特设委员会的开幕。

4. 2月25日委员会在其第1次全体会议上选出了主席团成员如下：

主　席：彼德·通卡（斯洛伐克）

副主席：克里斯蒂安·穆赫（德国）

盖勒·拉穆塔（特立尼达和多巴哥）

罗塞特·尼林金迪·卡通叶（乌干达）

报告员：马哈穆德·哈穆德（约旦）

5. 法律事务厅编纂司司长瓦奇拉夫·米库尔卡担任特设委员会秘书。副司长马努什·阿桑贾尼担任特设委员会副秘书兼全体工作组秘书。编纂司为特设委员会及其工作组提供了实质性服务。

6. 特设委员会在第1次全体会议通过下列议程（A/AC.263/L.1）：

(1) 会议开幕。

(2) 选举主席团成员。

(3) 通过议程。

(4) 工作安排。

(5) 交流遗传学和生物伦理专家提供的信息和技术评估。

(6) 根据大会2001年12月12日第56/93号决议规定的特设委员会任务，审议该决议第3段所提有关问题。

(7) 通过报告。

7. 按照大会第56/93号决议第3段，特设委员会的工作是审议拟定就这样一项国际公约进行谈判的任务规定，包括将要考虑到的一份现有国际文书清单以及一份将在公约内加以处理的法律问题清单。委员会收到了秘书处编制的一份资料性文件(A/AC.263/2002/INF/1)，其中载有国际文书的基本清单，还收到法国和德国提出的关于公约或可处理的法律问题清单的建议(A/AC.263/2002/DP.1)(见本报告附件)。

第二章　会议记录

8. 特设委员会在其第1次全体会议通过其工作方案。大会在其第56/93号决议第3段决定特设委员会在会议开始时交流遗传和生物伦理专家提供的资料和技术评估。按照这项规定，五位专家在委员会第1次和第2次全体会议上举行了专家级的会议，向委员会提供了有关该专题的科学、技术、伦理、哲学和法律资料。

9. 特设委员会于2月25日至26日举行了三次全体会议，并于2月26日至27日举行了三次全体工作组会议。委员会在2002年3月1日第4次和第5次全体会议上审议了其报告，并在第5次全体会议通过了报告。

A．一般性意见交流

10. 2月26日，特设委员会在其第3次全体会议进行了一般性意见交流。成员们都表示支持特设委员会的及时召开，并对法国和德国政府倡议审议拟订禁止人的生殖性克隆国际公约问题表示赞赏。与会者指出，专家级会议为特设委员会提供了宝贵的背景资料，大大地帮助了委员会进一步审议该问题。

11. 与会者都同意人的生殖性克隆是生物技术方面一个令人困扰和不道德的发展，应当予以禁止。这一发展引起了道德、宗教、伦理和科学的问题，并对人的尊严产生深远的影响。

12. 一些代表团希望在通过国际公约全面禁止人的生殖性克隆方面将谈判的范围缩小。他们指出，鉴于事情的迫切性，必须采取重点处理的办法。并且，有必要至少在初期达成最广泛的一致意见，即使是将目标缩小也应如此，以便尽快达成结论。此外，规定召开特设委员会的大会决议只提到人的生殖性克隆。

13. 另一些代表团认为为了谨慎和更有效地处理我们社会里的实际问题，应当采取范围较为扩大的办法，将用于实验和研究的“治疗性”克隆也包括在禁止范围。他们认为，也应处理制造克隆胚，从中提取干细胞，或等到胚长到胎的阶段，从中提取组织进行移植的问题。他们建议应使用成人干细胞进行科研。此外，他们指出，决议所规定的大会的职权是审议为禁止人的生殖性克隆国际公约制订职权范围的问题，因此，更广泛地处理这个问题，符合这项职权。

14. 在成人干细胞研究方面，有人指出胚胎干细胞研究在治疗和预防疾病方面可能带来的好处。

15. 有人认为，鉴于这方面的研究尚处于早期阶段，特设委员会在国际社会对克隆有较多的了解之前，不妨考虑规定暂停生殖性克隆，而不是永久禁止。

16. 此外，有人指出，通过一项禁止人的生殖性克隆公约有助于避免出现破坏人类物种的完整性，发展出与承认人的尊严和权利相违背的做法，及以不公平和有损发展中国家利益的方式散发科学成果的可能性。

B．应处理的法律问题清单

17. 2 月 27 日，全体工作组举行了两次会议，审议拟议的公约应处理的法律问题清单这一问题。工作组收到了法国和德国提出的建议案（A/AC.263/2002/DP.1，见本报告附件）。

一般性评论

18. 所有发言者都感谢提案代表团提出该文件中所载的问题清单草案。同时，一些发言者表示，他们的意见只是初步意见，对于拟议的公约，他们仍处于形成立场的过程中，因此需要更多的时间审议。发言者重申，特设委员会只须审议某些问题是否应列入制订公约的最终任务规定，而不必在现阶段进入实质性讨论。

19. 发言者在表示支持法国和德国提出的问题清单结构的同时，还建议审查社会、文化和伦理方面的问题以及妇女的作用。发言者还表示，必须考虑到发展中国家特别易受新生物技术的威胁这一事实。一些代表团说，他们的理解是，应在人权框架之内构思拟议的公约。但是有一项意见认为，拟议的公约不应改变现有人权条约已承认的权利。还有意见认为，每一国家都有权利进行科学研究。

(a) 项至 (c) 项

20. 关于拟议的公约的审议和宗旨，会议赞成这方面应有包括法律、伦理、道德和社会在内的多学科的内容。与此同时，会上有人指出，必须预先澄清拟议的公约的概念基础。

21. 关于拟议的公约的范围，有人认为，特设委员会的任务并不局限于禁止人的生殖性克隆，赋予委员会的任务是审议制订拟议公约的职权范围问题。因此，不能认为大会第56/93号决议已经预定了公约的范围。

22. 还有一种意见认为，如果不处理治疗性克隆，就不可能适当地制止人的生殖性克隆，拟议公约的内容必须考虑到这一点。因此，提议任何此类禁令应着重克隆的过程而不是着眼于克隆的最终结果。会上还有人指出，如果将治疗性克隆排除在外，国际社会有可能造成允许此种克隆的印象。此种意见还认为，只涉及生殖性克隆的部分禁止将是一种虚假的禁止，实际上没有效果。

23. 有些代表团认为，只包括生殖性克隆的禁令，不会使人有公约范围外的研究可以或不可以进行的印象。

24. 另有人认为，特设委员会在处理该问题时应具有紧迫感，因为可以首次成功地克隆一个人有可能很快发生。建议采取切实可行的方式，即委员会首先着重处理看来各国代表团大体看法一致的领域，即禁止人的生殖性克隆。有人指出，扩大一项潜在公约的范围，使之包括不存在共识的问题，这样做可能威胁总体工作，使国际社会无法采取协调的法律对策。有人列举了区域一级的经验作为例子，说明列入争议性问题只会延长就类似国际协定进行的谈判。还有人指出，必须使该条约成为一项普遍接受的条约，以防止设立不禁止此类活动的"克隆庇护所"。

25. 同样地有人指出，他们并不打算区分哪些问题从伦理的角度来看是更优先的事项。实际上真正的区分在于认识到何者实际上可以实现，何者不能实现。有人提议，可以考虑其他的可能办法，包括以其他的机制处理其他形式的克隆问题，但是不应阻止通过一项禁止人的生殖性克隆的国际文书。例如有人提议，可采取渐进方式，首先制定一项禁止人的生殖性克隆公约。此外还指出，通过一项禁止生殖性克隆的全球禁令并不限制各国通过本国立法管制其他形式的克隆。存在一种顾虑，即一项内容狭窄的协定的效果可能是有限的。针对这种顾虑提出的一种看法是，禁止生殖性克隆将剥夺旨在克隆人的任何科学行动的合法性,并将从经济上有力地抑制可能考虑为此种研究提供资金的私营部门行动者。

26. 关于审议中的提案，有人提出，(a) 分段通常是拟议公约序言的内容。虽然绝对无须规定缔约国可通过更严格的条例，现有条约中已有此种规定。又有人指出，参与今后公约的国家可交存单方宣言，据此承担超越公约所规定的义务。有一种意见认为，该分段最后一句中的提议可包括在 (d) 分段的国家执行概念之中。还有人提议，根据《欧洲委员会关于在生物学和医学应用中保护人权和人类尊严公约》第1条中的类似文字，拟议的公约中应列入“ 在生物学和医学方面保护人权和人类尊严”的内容。

27. 关于在拟议的公约中列入定义，会议指出，关键用语的定义将影响公约本身的范围。有人提出，如果接受所有克隆均为生殖性克隆这种看法，那么就可以区分“活产”和“试验性”或“治疗性”克隆。还有与会者提出，公约应澄清应避免的技术名词,以避免无意中将可以接受并具有医学利益的类似技术包括在内。还有与会者认为，采用描述程序，例如分裂胚胎和体细胞核转移的办法的问题是,克隆方法每次有新的科学发展，拟议的公约就立即过时。因此这些与会者提议，应根据意图取得的结果来拟订克隆的定义，如欧洲委员会通过的附加议定书中的做法。还有人提出，例如可以指出受禁止的是有意图的克隆，这样也许可以增加定义的精密程度。还有人认为，该禁止的是核转克隆；同时，有人提出应谨慎小心，不要通过一项无意中影响其他问题的定义。

28. 关于 (c) 分段，该项提议包括禁止其他类型的克隆。有人指出，该分段与拟议公约的最终范围相关。还有人提出，公约可提供一个处理克隆问题的框架。在此框架之下，将禁止生殖性克隆并考虑暂停其他类似的克隆。

(d) 分段至 (h) 分段

29. 关于 (d) 分段，有人提请注意《制止恐怖主义爆炸的国际公约》和《制止向恐怖主义提供资助的国际公约》中所载几个可能的示范条款。此种意见认为，每个国家有权决定是否实施制裁。还有一种意见认为，必须规定国家有义务实施制裁以确保禁止人的生殖性克隆的规定产生功效。在这方面，制裁的方式同问题的严重性应是恰如其分的。又有人指出，“制裁” 一词含义混乱，应以“惩罚”取代，或以其他方式澄清，以便宣示，用意是规定缔约方有义务惩罚被禁止的行为。还指出，用意是既包括刑事措施也包括民事和行政措施。会上还有人认为，其他问题可包括在国家法律之内，因此该分段不应只限于制裁和实际利益。

30. 至于（e）分段，有人提出，确保没有克隆儿童出生的唯一有效的预防措施是禁止所有人的克隆，包括治疗性克隆。有人指出，该分段设想的是在一项活动开展之前、而不是在任何此种活动开展之后采取的措施，例如管制有关该领域研究的政策。

31. 关于（f）分段，有人提议参考一些联合国人权条约的做法，考虑设立一个监测机构。还有人指出，可利用具有该领域专门知识的有关国际组织，如教科文组织和卫生组织。

32. 关于（g）分段，有人提出，特设委员会应铭记这样一项公约对发展中国家的经济影响。

33. 关于（h）分段，有人提议应考虑是否允许对公约有保留意见。

其他事项

34. 若干与会者建议增列其他事项，其中包括提及有关人权文书和《世界人类基因组与人权宣言》的序言，以及要求定期审查公约的条款。还有人建议考虑拟议的公约的性质，即禁止是有时限的还是永久的。其他与会者建议提及保护人类健康的预防原则，并且还建议考虑到知识产权的范围和相关性。有人强调在禁止人的生殖性克隆公约中规定国际合作的重要性。还有人认为除了实际利益问题外，应考虑在发生不顾禁令植入克隆胚胎的情况时该采取何种必要行动的问题。

C．有关国际文书清单

35. 工作组在2月26日第1次会议上审议了所应考虑的国际文书清单问题。工作组收到了秘书处编制的资料文件（A/AC.263/2002/INF/1）。

36. 特设委员会注意到该文件并感谢秘书处作出的努力。建议更明确地区分其中所列的各区域案文和文书的现状。此外还提议在该文件中列入其他领域，例如反恐领域通过的有关条款的例子，作为今后关于禁止人的生殖性克隆公约的模型条款。委员会同意提交一份订正文件供第六委员会工作组9月份会议审议。

附件：各国代表团提交的书面提案；公约或可处理的问题清单；法国和德国提出的提案

1. 大会在其第56/93号决议第3段决定，在决议所设的特设委员会审议制定禁止人的生殖性克隆国际公约谈判会议职权范围的问题，应向其提供一份将在公约内处理的法律问题清单。为便利这种谈判,法国和德国提出了下列想法。不应将这些想法视为对所列问题或未来公约最后措辞表示立场。

2. 公约所要处理的法律问题拟议清单:

(a) 所考虑的问题和宗旨

公约不妨说明其所考虑的问题和宗旨。公约还可以探讨各缔约国可否制订更严格的国家规定。

(b) 定义

按照惯例,可以给技术用语下定义,只要这样做有利于阐明公约的各项条款。

(c) 禁止人的生殖性克隆

在这个问题下,将明确规定禁止人的生殖性克隆。

(d) 国家执行

可就国家执行作出规定,以便将公约转化成国家行动。

(一) 制裁。在这个问题下,可探讨各缔约国如何制裁违反禁止人的生殖性克隆规定的行为。

(二) 实际利益。在这个问题下,可探讨因人的生殖性克隆而获得的实际利益问题。

(e) 预防措施

(f) 报告和监测机制

在这个问题下,可探讨各缔约国是否要采取以及如何采取预防措施,包括在研究领域采取预防措施的问题。

在这方面,可以讨论是否要监测以及如何监测国家执行情况。

原文文号为 A/AC.263/2002/DP.1。

(g) 在执行方面提供援助

可能需要协助各缔约国在其国内执行公约。

(h) 最后条款

应考虑公约的最后条款。

2005 年 2 月 18 日

(摘自 http://daccessdds.un.org/doc/UNDOC/GEN/N02/278/47/PDF/N0227847.pdf?OpenElement)

七

联合国法律委员会建议联合国大会通过《联合国关于人的克隆的宣言》

作为对第五十九届会议的总结，第六(法律)委员会今天下午向联合国大会提出通过《联合国关于人的克隆的宣言》的建议。根据这一宣言，联合国各成员国应当考虑禁止任何形式的人的克隆，只要这种做法违背人类尊严和保护人的生命原则。

第六委员会以71票赞成、35票反对、43票弃权的表决结果做出了上述决定，核对了经修正的题为《联合国关于人的克隆的宣言》的决议草案，这个草案是为了定案而成立的工作组经过商讨得出的。

根据决议草案中第A/C.6/59/L.27/Add.1号文件的条款，联合国各成员国应当考虑采取所有必要措施，既要在生命科学的应用中注意充分保护人的生命，也要禁止采用可能违背人类尊严的遗传工程技术。

经第六委员会的建议，联合国大会在2004年12月23日通过了第59/547号决议，成立了一个工作组。工作组的任务是根据第A/C.6/59/L.26号文件中的决议草案，确定一项联合国关于人的克隆的宣言的内容，并在第五十九届会议向第六委员会就此作汇报。

2004年11月19日，第六委员会回避了在通过禁止人类生殖性克隆的国际公约这个问题上的激烈争议，决定在来年2月份的会议中再次以通过一项宣言的形式来解决关于人的克隆的纷争。意大利代表提出涵盖了关于人的克隆的宣言的决议，它取代了以前分别由哥斯达黎加和比利时提出的旨在达成关于人的克隆的条约的两个书面材料。

在通过决议草案之前，第六委员会经表决决定颠倒即将生效的文本的顺序，即将第A/C.6/59/L.27/Add.1号文件放在第A/C.6/59/L.26号文件的前面，第A/C.6/59/L.26号文件是商讨的主要内容。这一决定以69票赞成、39票反对、39票弃权的表决结果获得通过。

关于比利时提出的对宣言的三项修改，第六委员会采纳了第一项修改，即在序言第二段增添内容（59-47-41），否决了删除正文（a）段（48-57-42）和替换正文（b）段（52-55-42）的提议。

比利时代表重申了反对决议草案的几个代表团的观点，即生殖性克隆与治疗性克隆之间存在着差别。他说，为了科学的发展，通过建立适当管制在国家一级允许治疗性克隆是合理的。草案审批过程中的激烈争议和表决结果中的分歧降低了其有效性，比利时并没感到要受草案的约束。

芬兰代表因委员会经过三年商议依然没有就议定禁止人类的生殖性克隆的公约达成决定而表示遗憾。由于委员会没能就一项政治宣言达成共识，它不能给全世界一条明确的无异议的信息。

新加坡代表对工作组没能拿出一个所有成员国都能接受的文本深表遗憾，他说，在基于价值和信仰的问题上，不能允许任何一个国家凌驾于其他国家之上。试图将一套统一的价值强加于其他国家只会加剧国家之间的分歧。如今，各国一致认为生殖性克隆是完全不可接受的，应当予以禁止。令人遗憾的是，这一关注被那些企图禁止为了有益的医疗目的所进行的克隆的人的利用。所采纳的决议并没有囊括关于人的克隆的各种观点，却试图将单套观点强加于国际社会。

与赞成决议的其他代表相似，哥斯达黎加代表说委员会最终采纳决议而做了一件正确的事，决议考虑到了人的克隆的伦理方面和实践方面，否定了生殖性克隆，并强调了人的生命的重要性。人类尊严永远应该先于科学利益。

美国代表补充说，国际社会已经确认了其对人类的尊严的尊重。委员会此举是塑造生命的文化之途上的重要一步，确保了科学进步是为人类的尊严服务的。她倡议在国家一级采取进一步的立法措施，鼓励更多的国家支持关于人的克隆的禁令。医学研究必须进行下去，但是应以伦理上可接受的方式进行。绝不能允许为了另一个人的利益而制造一个人并继而将之毁坏。

土耳其声明，伊斯兰国家组织成员国放弃对决议草案的表决权，对需要就这个问题作表决以及无法达成共识表示遗憾。

委员会还通过了其第六十届会议的临时工作计划。

委员会主席 Mohamed Bennouna（摩洛哥）在结束致辞中说，委员会通过关于克隆的宣言是个重要事件，标志着讨论中一个阶段的结束。“这就是现在的宣言，既有弱点也有长处。”他声明。

解释了表决意见的还有大韩民国、叙利亚共和国、英国、中国、日本、俄罗斯联邦、丹麦、瑞典、蒙古、挪威、法国、古巴、尼日利亚、巴西、委内瑞拉、加拿大、荷兰和德国的代表。

表决意见细述

大韩民国代表为无法就宣言达成共识深表遗憾，他说他对草案投了反对票。大韩民国代表团诚意改进文本，但另一方不愿采纳。"人的生命"这个名词在不同的国家、不同的文化和不同的宗教中含义不同。有必要对这一意义含糊的名词作进一步解释。而每个国家有权对"人的生命"作出自己的解释。治疗性克隆可能有助于研究和科学的发展。在严格管制下，治疗性克隆将使无数人免于遭受不必要的痛苦。大韩民国政府已经在其国家法律中对治疗性克隆采取了最严格的管制措施。

叙利亚代表支持伊斯兰国家组织成员国的立场，即支持就宣言达成共识。其代表团谴责必须对草案文本作表决这一事实。由于委员会一贯通过共识采纳其条文，他相信今天的表决在委员会里开了一个不受人欢迎的先例。叙利亚代表团同伊斯兰国家一样，在表决中投了弃权票。"人的生命"应当由各个国家自己作出解释。

英国代表也对无法达成共识表示遗憾。虽然提案的支持者们争论说文中"人的生命"指代模糊，一些国家也因此投了赞成票，英国实在不能赞成一项如此措辞的政治宣言，因为它也可以被解释成全面禁止任何形式的人的克隆。他说英国还是完全反对生殖性克隆。他号召所有国家采取紧急措施，像英国所做的一样，在国家立法中禁止这一前景可怕的技术。然而，对于允许或禁止治疗性克隆，各个国家应当在其国家内部达成共识。英国允许治疗性克隆，因为此类研究为数百万人们及其家庭提供了新疗法的希望。但是英国代表团也尊重各个国家之间的文化、宗教以及社会差异，理解其他国家由于这些差异而对治疗性克隆采取不同措施。今天所表决的宣言不具有约束力，没能反映联合国大会内部的共识。宣言不会影响英国的干细胞研究政策。英国将继续允许治疗性克隆研究。

比利时代表重申了反对决议草案的几个代表团的观点，即生殖性克隆与治疗性克隆之间存在差别。他说，为了科学的发展，通过建立适当管制在国家一级允许治疗性克隆是合理的。草案审批过程中的激烈争议和表决结果中的分歧降低了其有效性，比利时并没感到要受草案的约束。

新加坡代表对工作组没能拿出一个所有成员国都能接受的文本深表遗憾，他说，在基于价值和信仰的问题上，不能允许任何一个国家凌驾于其他国家之上。试图将一套统一的价值强加于其他国家只会加剧国家之间的分歧。如今，各国一致认为生殖性克隆是完全不可接受的，应当予以禁止。令人遗憾的是，这一关注被那些企图禁止为了有益的医疗目的所进行的克隆的人的利用。所采纳的决议并没有囊括关于人的克隆的各种观点，却试图将单个观点强加于国际社会。

中国代表对不能就草案达成共识表示遗憾。中国历来反对生殖性克隆的实验。生殖性克隆应当被禁止。中国相信所有国家应当根据各自的伦理、道义、文化以及宗教原则采取国家措施。为了确保治疗性克隆不会危及人类的尊严，各国可以对它加以禁止或管制。中国希望各个国家能表现出相互合作和相互理解的态度，就宣言达成共识。然而，所有的努力并没有带来预期的结果。由于宣言措辞含糊，可以被解释成禁止治疗性克隆，中国代表团投了反对票。中国代表团不能接受这样的宣言。因此，宣言对中国政府不具有法律约束力，但中国政府将继续反对生殖性克隆，对治疗性克隆严加管理，确保生命伦理以及人类的尊严不受侵犯。

日本代表说其代表团曾努力就草案文本达成共识，但日本无法接受刚通过的决议。决议文本没能充分涵盖克隆问题的方方面面。由于草案难以被解释成允许治疗性克隆，没有尊重各个成员国对治疗性克隆的不同观点，日本对草案投了反对票。去年七月，经过生物伦理学和其他领域的专家委员会的慎重考虑，日本决定允许在严格的限定条件下，为了研究目的培育和利用克隆人胚。虽然第六委员会通过了草案，但这不会影响日本关于人的克隆的国家政策。日本将根据现行政策，在充分尊重人类尊严以及严格的限定条件下继续进行治疗性克隆研究。

俄罗斯联邦代表说克隆触及了复杂的道义和伦理问题，他一直赞成就此达成共识。令人遗憾的是，由于这个问题的高度敏感性，不仅没有就一项具有法律约束力的公约达成共识，而且也没有就宣言取得一致意见。他相信宣言是中肯的，投了赞成票。他希望各个国家在国家一级禁止生殖性克隆，但就治疗性克隆而言，只要它不危及人类尊严，是可以允许的。

芬兰代表因委员会经过3年商议依然没有就议定禁止人类的生殖性克隆的公约达成决定而表示遗憾。由于委员会没能就一项政治宣言达成共识，它不能给全世界一个明确的无异议的信息。鉴于刚通过的草案文本的根本出发点，本来芬兰代表团可以支持它，但是随着时间的推移，文本的焦点已经严重偏离了禁止生殖性克隆的主要目的。芬兰的法律体系允许在一项相关法案的管制下进行治疗性克隆。他不支持任何意在预先判断各国国家的解决办法。芬兰代表团别无选择，只能对宣言投反对票。

丹麦代表支持英国、中国、日本等国的立场。其代表团别无选择，只能对宣言投反对票。

瑞典代表说其代表团对宣言投了反对票，但是他们确实尊重其他国家的观点。瑞典代表团曾和其他代表团一道表明了应当禁止生殖性克隆的观点。瑞典支持对违背人类的尊严的生殖性克隆予以全面禁止的决定。瑞典正在计划生成禁止为了研究或其他目的进行生殖性克隆的法律。各国应当以各自的道义、宗教、文化以及其他价值观为依据，通过国家规范来管制任何形式的克隆。同时，只要研究不危及人的价值，瑞典代表团都表示支持。瑞典认为它不受宣言的约束，不能接受任何可能被解释成禁止治疗性克隆的陈述。

蒙古代表说不同观点之间的分歧太大，难以调和。不能一下子将克隆统统否决。他尽管谴责生殖性克隆，但并不反对用于治疗的克隆。

来自禁止生殖性克隆以及治疗性克隆的挪威的代表声明他认为一项没有约束力的宣言没什么价值。既然要对它作表决，他只能投反对票。

法国代表说其代表团对委员会不能通过一个一致同意的文本深表遗憾。她依然确信在禁止治疗性克隆的必要性问题上存在着明确的共识。过去3年中关于治疗性克隆和人胚研究涌现了很多不同的观点。由于生殖性克隆可能带来危险，迫切需要对它加以禁止。但是法国不支持可能被解释成禁止治疗性克隆的陈述。因此，法国对草案投了反对票。

古巴代表说她也对法案投了反对票。古巴代表团反对人类的生殖性克隆，但是尊重有巨大科学潜力、能够解决很多医学问题的治疗性研究。各国必须对克隆严加管制，以确保不会危及伦理准则以及人类尊严。然而，任何规章都不应导致禁止治疗性克隆的研究。古巴代表团更倾向于通过一项包含所提及的内容的公约。然而，古巴代表团曾和其他国家代表团一道努力就宣言达成折中意见。她对无法取得共识表示遗憾。并希望宣言不会阻碍对人类有益的科学的发展。

尼日利亚代表说他投的是赞成票，因为没有更好的选择了。他相信任何形式的克隆，包括生殖性克隆和治疗性克隆，都是对生命的圣洁性和人类的尊严的不必要的侵犯。克隆是不合伦理的，违背文明社会的道义价值。克隆还将导致对妇女，尤其是发展中国家的妇女的不敬和剥削利用。他重申他的代表团要求全面禁止任何形式的人的克隆，并倡议联合国采取进一步行动，详细拟订一项禁止任何形式的克隆的公约。

哥斯达黎加代表说委员会最终采纳决议而做了一件正确的事，决议考虑到了人的克隆的伦理方面和实践方面，否定了生殖性克隆，并强调了人的生命的重要性。人类尊严永远应该先于科学利益。

美国代表说美国支持今天通过的重要文件。国际社会已经确认了其对克隆的憎恶，宣告了对人类尊严的尊重。它号召所有成员国禁止任何形式的人的克隆，立即制定相关法律。美国一向强调任何形式的人的克隆都有悖于人类的尊严，人的生命的圣洁性和保护人的生命的原则。今天的宣言反映了这一信念。委员会此举是塑造一种生命的文化之途上的重要一步，确保了科学进步是为人类的尊严服务的。她倡议在国家一级采取进一步的立法措施。这是最快捷有效的途径。如今，联合国已经发布了号召采取行动的命令。医学研究必须进行下去，但是应以伦理上可接受的方式进行。绝不能允许为了另一个人的利益而制造一个人并继而将之毁坏。

巴西代表对必须将这样一个本该通过协议解决的问题付诸投票表决深表遗憾。宣言只会凸显国际社会关于这个问题的巨大分歧。巴西尊重人的生命和尊严，但是由于草案语言含混不清，他投了反对票。他感到在对治疗性克隆的价值做出最终决议之前，有必要获取更多的科学信息，开展更多的科学辩论。这个问题应该通过国家立法来解决。巴西正在辩论一项关于这个问题的法案。他对委员会偏离了确定一项全面禁止生殖性克隆的禁令的初衷表示遗憾。

委内瑞拉代表说由于法案没有达到明确禁止任何形式的生殖性克隆的目的，它不符合巴西的国家法律，所以投了反对票。巴西政府在理解应当尊重人类尊严的同时，支持科学研究。

加拿大代表也对未能达成共识表示遗憾。他担心表决只会加剧意见分歧。加拿大禁止任何形式的克隆，不管是用于何种目的，通过何种技术。加拿大无法接受委员会最初的权利扩展到生殖权利。

荷兰代表说她对决议投了反对票，这项决议包含的是一个不具有法律约束力的文件。她强调关于草案的所有反对票说明国际社会并不赞成禁止治疗性克隆。

德国代表说尽管他对决议投了赞成票，但是今天还不是庆祝的时候。宣言所得到的赞成票还不到所有表决票的一半。他希望在未来几年中能够消除目前关于人的克隆的缺少规范的状态，再次就此达成共识。

（译自 http://www.un.org/News/Press/docs/2005/gal3271.doc.htm）

致　谢

本书是集体的智慧与努力的产物。它的构思与创意是我们的责任编辑提供的，而本书的结构和撰写则是大家一起完成的。

作者感谢为本书搜集大量素材与插图的阎春霞、孙海燕、朱金桂、王亚妮等；感谢为本书附录做主要翻译的朱金桂博士。由于本书的很多信息与照片来自网站与报纸公开的报道，在此也为他们对本书的贡献表示衷心感谢。

作者特别感谢所有生命科学领域的同事，正是他们的贡献为本书提供了源泉；特别感谢新闻界的朋友与大众，正是他们对生命科学的关注才使本书得以问世。

2008年1月